U0928115

理性是人类先进文明认知积累的文化表述。

人性魔方（续集）

申明祥 ◯ 著

理性支撑人类精神灵魂，规则约束人类活动行为。

理性是规则制定的依据，规则是理性的必然延伸。

理性警惕人灵魂走样，规则防止人行为出轨。

九州出版社
JIUZHOUPRESS

图书在版编目（CIP）数据

人性魔方：续集 / 申明祥著. -- 北京：九州出版社，2017.5

ISBN 978-7-5108-5304-3

Ⅰ. ①人… Ⅱ. ①申… Ⅲ. ①人性—研究 Ⅳ. ①B82-061

中国版本图书馆CIP数据核字(2017)第101169号

人性魔方：续集

作　　者	申明祥 著
出版发行	九州出版社
地　　址	北京市西城区阜外大街甲35号（100037）
发行电话	(010)68992190/3/5/6
网　　址	www.jiuzhoupress.com
电子信箱	jiuzhou@jiuzhoupress.com
印　　刷	北京华忠兴业印刷有限公司
开　　本	880毫米×1230毫米　32开
印　　张	7.375
字　　数	145千字
版　　次	2017年5月第1版
印　　次	2017年5月第1次印刷
书　　号	ISBN 978-7-5108-5304-3
定　　价	26.00 元

序

什么是人？人类自身很难说透。“只缘身在此山中”的本人，兴趣使然，试立足人生哲学本源，粗浅感悟出某些人性方面的规律现象，与有缘者探讨商榷并求教。我认为，对于人，理性最为重要，它是人类有别于一切地球物种的关键。理性即人的理性认识，包括概念、判断和推理等，是认识事物的高级阶段。

理性支撑人类精神灵魂，规则约束人性活动行为。理性是规则制定的依据，规则是理性的必然延伸。理性警惕人灵魂走样，规则防止人行为出轨。理性是宇宙自然运行大道理，即一切事物发展的内在规律。理性就是“天理”，是人类数千年先进文明认知积累的文化表述。理性表现在自然领域为科学技术；表现在社会人文领域为“伦理道德”。理性在自然科技领域研究中，可精确计算测量，而在社会人文领域却不能，但不表明它不是规律，因为人性多元化而无常。人性各异，但抽象出来又大致相同，且呈一定规律性。反映人文规律现象的理性，就是伦理道德。理性涵盖宇宙自然和人类社会全部。规则属人为制定，只对约束人类行为有效，而无法规定苍天何时下雨，更不能更改天体运行的春夏秋冬四季轮换、日出日落……规律的不可抗拒性，决定了它的合理性，从而产生理性。自然界标准大气压下，水温100℃即沸腾；金属达熔点便液化……这就是理性；正常人走近悬岩边、河流旁，会停止不前，就是理性；通常人的双手不可直接触碰火苗、直碰锋利刀刃，这也是理性。同样人文领域尊老爱幼、和睦相处、不做恶事、遵纪守法等都是理性。反过来是“恶”，就是非理性。理性是“大道理”，涵盖一切。违背科学、违背伦理道德，都是非理性。

理性地看待人的生命规律非常必要。“跟着感觉走”，把现今一些人领往不知何为生命的迷航。一些人一边喊累，一边又在整天忙碌求名逐利，寻乐找刺激的陀螺中，永无休止地旋转，欲壑难填；追时尚、图便捷，长坐沙发摇椅上，点键盘、按遥控器，炒股票摇红包，或长期坐等快递送上门的网上购物、快餐；这些人有电梯决不爬楼梯、有汽车决不走路……两条腿已成多余；凡人群场所，无止境地拨弄手机的低头族们，玩转在海量信息和虚幻的另一个世界里，投入而满足，脸上写满冷漠，对身边真实的人群视而不见，无动于衷；戴着无形面罩的现今人，总用警惕、戒备眼神，提防着除已之外的所有人……久违的人间亲情、乡亲、邻里情、同事情……浓浓人情味，已很难寻觅。这不是现代人应该相处的环境。

人类社会文明，人是主体。人忘记自己是什么，被物欲牵着走、跟在虚幻后面转，将自身角色由主动变成了被动。人际相处，人情远去，什么都可换算成“钱”。本来，人生局限不完整，人情味可帮弥补。现在人情通道堵死了，正在弱化着“人”这一神圣的称谓。人生命至高无上，生活只是生命中的一部分。物质满足和精神富有共存，才是尊重生命，且后者更重要。人的迷糊只在一定时间内，最终清醒是人性的本真。多少迷途者，在生活方式无度，医生宣告本不该的病魔袭身时，才后悔当初万恶随意的生活方式。虽悔不当初，但清醒已晚；多少迷途的贪官罪犯，站上法律大堂被宣判时，才后悔因贪欲追逐赃款的多余。可已后悔太迟。人过度局限于物欲需求，必以牺牲精神世界乐趣为代价。世间真正遭贫困饿死的人，远少于被精神折磨伤害而死亡的人。需提醒的是：时代发展科技进步，物质领域可提供给人类享受、便捷等服务水平越来越高。靓丽的外在物质，容易迷住人们眼睛，而人内心精神灵魂思索求真易被忽视。受人类生物进化缓慢的局限，尽管世界变化很大，但人类数千年来的固有人性，并未怎么变化。人本能的贪欲、自我、攀比、反复无常等劣质人性和善良、同情心、爱鸣不平、融入群体、同情弱者等优质人性，多年来还是那样。与人生命规律相适应的动静平衡、饮食平衡、心态平衡、脑体平衡等不能走偏；求真务实、勤劳节俭、苦中求乐、顺应自然等本真不可改变；喜欢“真善美”厌弃“假丑恶”，永远改不掉；割舍不掉的亲情、友情等不能改变……因为它们属生命的本然，无论多少年后也很难改变。这便是人区别于地球其他物种的特别之处。国内外最高明医生和世卫组织都承认，人体康复保健养生65%以上靠人自身保养调节。这一调节方向应是人生命本然。人的无度奢华、懒散，人间真情丢失都有悖于此，最后承受生命代价的将是自己。

人有多面性，多重人格。每个人都是复杂的存在体，自身包含着无数个可能，天必无固。人在“自尊心”支配下，站在狭隘的个人圈子里，常能提出许多自己制造的“小道理”来压服“大道理”。大道理是“天理”，几千年来中国百姓痛斥人恶行叫“天理难容”，如今已很少有人在乎。国家为绝大多数人利益施行的政策、方针，就是“大道理”；人际相处，伦理道德就是“大道理”。“大道理”管“小道理”天经地义。

人全方位“商品化”，是人自身价值的贬值。现代商业社会，容易将人带入只认有形的价格，忽视无形价值的怪圈。以价格论英雄，看不清无形价值背后的人生意义，连人都被“商品化”了。据央视报道：一些公职部门少数人员，出卖人品、人格、良心，以五元价格一条客户私人信息，出卖几百几千条给网络诈骗犯。这同当年侵华日军用两根金条，让叛徒说出共产党名单、联络暗号已没什么区别。新加坡学者郑永年说过，人的价值是不能被数据化的。一旦数据化，人的存在就失去了任何意义。一个失去“意义化”的社会，便是毫无道德、秩序可言的。

人性多变，反复无常。人性受自身局限，在生物和社会两重性之间跳跃不停。民间对恶人骂“没有人性”，实指没有社会属性。人按生物属性行事，只能在私欲圈子里干着与社会他人相悖的事。社会属性是人后天学习人类先进文明文化而获得，也是人理性的提高。人不能任其自身人性中生物属性的放纵和社会属性的丢失。理性是后天增长的。美《华尔街日报》登考古学者证实早期人类不是和平者：“关于人类本性中的暴力，已经毫无疑问。战争可追溯到至少一万年以前，而杀人历史更要久远。”佐证了人类文明和理性来自后天。初生婴儿，在人群中是小孩；放狼群里，便成狼孩。理性是生活的主导，情感是生活的动力。

《人性魔方》2014 年底出版后，被国家图书馆、首都图书馆等收为藏书并对外借阅。自信感趋动，写出续集。本书出版得到蒋月新支持帮助，深表谢意。

目　录

理性支撑人类精神灵魂

有理走遍天下，无理寸步难行。这儿的“理”即“理性”。“理性”是宇宙大道理，是宇宙自然及一切事物的运行规律。“天理难容”，是指恶人做坏事，上天都不能容忍。“上天”是指“天理”。“理性”是人类先进文明积累的文化表述。“理性”在自然领域表现为科学技术，在社会人文领域表现为伦理道德。反映事物规律的理性，在自然领域科技成果研发方面，能精确计算和测量；而在社会人文领域却不可计算或测量，因为它受多重复杂的人性制约。不能计算或测量，不代表它无规律。人性各不相同，但抽象出来看又大致相同，且有规律性。这一反映人文规律现象的理性，就是伦理道德。

没有理性约束人性，社会将混乱。这里被约束的是人的生物属性。人天性喜欢自由，社会需按规则行事，自由和规则协调，是社会秩序平稳的关键。自由是人类进化之前动物属性的延续，进化后的人类，由个体人变成社会人。社会是人群体的组合，肆意单打独斗的人，若无理性约束，将一盘散沙。各行其是，天下必大乱。正因数千年人类文

明积累的理性文化存在，社会才能较安定，百姓方可共居。

地球上人类，比其他所有物种出类超群。人有丰富的思想和灵感；有七情六欲等人性的本能欲望；有预测未来和记忆往事的思维能力；有聪明绝顶的技能智慧；有同他人竞争攀比的高超技艺；还有贪欲无限永不满足的人性本能。人有破坏毁灭一切的恶劣行为；又有改造世界的天然动力；人还有修补人类创伤、制造幸福快乐的奇妙功能……如此矛盾中的人，性情中的人，如何被社会管理得顺畅，主要靠理性及其延伸的规则制度。美《华尔街日报》登载考古学者证实："早期人类不是和平者。关于人类本性中的暴力，已经毫无疑问。战争可追溯到至少一万年以前，而杀人历史更要久远。"人类社会以原始野蛮杀戮，残酷争斗演变到现今的文明，靠的是不断累积人社会属性的强大理性，加之由此延伸的制度法律。

人类的先进文明和优秀文化，科学技术发明创造，是集历代大多数人的社会属性的总和。先进文化是人类智慧善行激发出来的，它利社会、利他人，也是人类存有感恩之心的不二理由。为人类社会积功、积德、积智的历代人，都应该属被感恩的对象，宇宙自然提供天然优越环境供人类享用是被感恩对象。后代人生下来便吃穿不愁，享受舒适的环境，应该问一下"怎么来的"，一些不愿听"不要忘本"这句老话的人，可以扪心自问了。

先进文化和科学技术，创造了今天的美好世界，得以让生活在今天的人们享用。能创造世界的先进文明文化，就是最高的理性。当今人，认可自然科学技术发展理性较容易，它看得见、测得出来，谁都不敢否认“科学”。而社会人文方面似乎不愿承认有“科学”存在。前面已述，伦理道德就是科学，它是人类和谐相处的内在和必然规律。人们友好相处有什么错？子女尊敬长辈，老一辈关爱晚辈有什么不对？做好事、不害人，感恩社会又有什么不好？伦理道德不完全是封建社会老一套，而在社会进步中，淘汰过时的，吸取进步合理的。因为它是人文科学，不可丢弃。

理性就是“道理”，中国儒家文化称为“道”，它是一切事物规律的描述。理性可以约束人性中的生物属性。社会上骂不通人性行为的人是“畜生”，就是这种人缺乏人的社会属性，不懂道理，没有理性。理性约束人的生物属性就是人的“觉悟”，是人性希望出现光明的一面。受理性约束，符合人内在良性发展规律。人生物属性的“自由”，需要在理性约束下才可施展。侵害别人的“自由”不可取，“无法无天”更不是自由。在符合社会大众利益下，施放自己的自由是可以的。人类社会和谐相处，理性支撑人类精神灵魂。

人性在自我“三重境界”里演变

人生三重境界，指人生在幼年、成年、老年三阶段里，对世界的不同看法。人生初始，对世界“看山是山，看水是水”；成年后看法变成“看山不是山，看水不是水”；人老时，对世界看法往往又回来，“看山还是山，看水还是水”。不过，看山看水的内容已不同于幼年。

人生最得意时，当属人生初始。看山是山，世界就是那么简单、真实；看水是水，幼小的心灵纯洁无瑕。家庭生活资料筹措，轮不上孩子操心；社会再不安定，也有大人呵护着你。只要每天有人给你喂上最简单的食物，你感觉自己是世界上最幸福的。单纯幼稚的童年，大人说句话，奉为圣旨；老师传授知识，当作忠贞的信条。孩童间交往，记仇不过夜。有人陪你玩，就是快乐。稚嫩的心灵看到人世间整个世界都是正面的、美好的。成人用虚幻假物惑弄孩子，孩子定以为真；社会歹人哄骗未成年儿童，成功率极高。此时，孩子看世界如同照镜子，一切当“真”的玩。孩童的人性体现着本真、纯朴、无邪，接近自然。阳光的幼年心态，看山是山，看水是水的人生初始世界观，注定着孩童时期是人生命中最快乐的时期。孩子快乐天真无邪，是对环境没有恶意，不存在戒心；对他人不苛求，身心自由，自己才快乐。

人到中年，为谋生计拼搏，介入社会竞争，与不同面孔人交往。人生精华也都在此时展现。人性流淌，千种万样，人们玩“真”的正是这一时期。成年人在玩转这个世界中，大脑会发现：这个世界越来越复杂。与社会人交往时，往往会发现：看着白的，出来效果却是黑的；明明是错的，结论下来却是对的。偶尔还可见到：无理也能走遍天下，有理还寸步难行。“好人无好报，恶人活百年”的违德悖理逻辑现象也会出现。是非和黑白的颠倒，容易让人愤怒不平，使人变得忧虑、复杂，头脑中的疑问、警惕，很难让人相信什么，不相信什么。人在谋生路上竞争，其竞争手段越发突破常规。人人都想从对方口袋掏钱入自己腰包的过程中，公平合理常被颠覆。人性固执地激发着自己本能的弱点：这山望着那山高，让自身处于永不满足的状态中。人性欲望与得不到满足的矛盾，使自己烦恼不断，痛苦不堪。人类中年起，便背上六大包袱：怕穷、怕被批评、怕有病、怕失去爱、怕老、怕死。儿童时期只有一怕：怕被批评。中年人在那么多“烦恼”和“怕”下生活着，必然包袱沉重而抑郁。存在决定意识，意识即人的世界观、人生观、价值观的反应。不健康的人性主导着自身“烦恼”和“怕”，决定着对世界的看法是：看山不是山，看水不是水。

背叛了自身小时纯真而稚嫩的单纯世界观。

人生命在长时间的历练、摔打中，体验着自身的精神灵魂。这种精神意识对世界反复审视、感悟，让一些人悟到生命的真谛，超越了自己，茅塞顿开，回归自然。这些人深知：宇宙世界和社会原本如此。这种年老的人，由于不再为谋生烦恼，不在为物的多少拖累。能悟出人生对物的需要和个人享受占用宇宙提供的时空有限。费力争多后，超量的部分，对自己生命愉悦作用不大。而自身心境的沉稳、安定，做自己喜欢的事，才是最幸福的。不与他人计较，不与社会环境较劲。面对芜杂世俗之事，一笑了之。认识到“心为形役”不值得。看到世界现实背后的真相；琢磨到人间世事的运行规律。这时，人性又趋向少儿时的方向。不过同少儿时人生观有着本质的不同。这时能领悟到宇宙浩渺空旷和单个人体的微小。宇宙毁灭人类比人踩死蚂蚁容易得多。感悟到为一些不必要的往事斤斤计较实属多余。闪电般人生稍纵即逝。认识到世界由无数大小矛盾体组成，矛盾有双方共存才成立。世界人和事只会有正反、好坏、优劣组成，无纯净存在，也不会由全恶组成。正负同时存在才合理，才可维持这一世界平衡。为此，人要求外部环境尽善尽美是痴人说梦话。既如此，遇上生活中各种不如意属正常。泰然处之，积极应对，就是最好的处世。天底下没有什么不可能不应该的事，人内心是天地万物的府库，无限博大，永不枯竭。这些感悟正是自身人性的演变，同中年时期已大不相同。这时人生境界对世界看法是：看山还是山，看水还是水。

人生在这三重境界中，演变着自我不同的人性。正所谓：小时，哭着哭着就笑了；长大后，笑着笑着就哭了；年迈后，说着说着就沉默了。没有最得意的人生，只有看得开的人生。

常人看中价格，聪明人看中价值

市场经济发达的今天，一切以“价格”论英雄，甚至连人都“商品化”了。人就业，先问每月多少钱，是劳动力出售价格；购买商品问价格，盘算吃亏倒巧；办事先问有啥好处，是办这件事的价格；熟人相见，先打听职务、头衔、职称，是该人身份的价格……总之，人的活动全都明码标价，甚至连危难现场抢救，也先论好价再办事。总之，人之间关系交往，深深陷入权、名、利的表层价格之中。现实的价格成人们竞争中唯一追寻之目标。

价格有形而易显露，符合人的自我炫耀与攀比获胜的喜悦心性。用看得见的价格体现人在交往中获利与体现人的身份象征，一目了然。“价格”的高低大小，立马分明。得“价格”高分，站在高位的人，风光无限，可成别人羡慕的资本；反之，得了“价格”低分，自卑感油然而生。价格原本经济学名词，是商品使用价值和社会价值的货币表现。不同价值的商品交换，为体现等值，才抽象出货币等价物，以此体现公平交换，并取代了原始商业的“物物交换”模式。

人类随着商品经济发展，自觉不自觉扩大着价格使用范围。现代市场经济，已将品牌、专利、技术、软件，连办事中人情、权力等，也纳入流通中的“价格”计算；直至人的权位、名望、学历、职称、学位等都用来体现人身份大小高低的实际价位。更有甚者，少数人连人品、人格、良心用来出卖，以获取价格表现。电视剧中日军用两根金条让叛徒说出地下党名单和联络暗号。此时，叛徒出卖“良心”的价格是两根金条。现今，电信诈骗犯从一些服务行业中少数掌管百姓信息的人手中，以五元价格买一条信息，购买了几百、几千条信息，作为诈骗资本。这样，这些少部分人的人格、良心单价，便是五元价格出卖一条信息的价格。

商品价格是商品价值的外在符号。先有商品的使用和社会价值，交换中才产生出价格，价值是凝结在商品中一般的、无差别的人的劳动，交换中通过价格体现出来。价值是商品的社会属性，体现商品生产者的生产关系。如今商品化范围扩大，即人的身份、道德、良心都可用来交换，产生出各式各样的泛“价格”。价格是显现的；价值是内涵的、隐蔽的，不是明码实体的东西。价格含商品使用价值和社会价值，只适用于商品交换，或有限扩大到人力资源方面，绝不能扩大至人身、人格、人品、良心。人对社会价值的发挥创造，体现着该人的价值奉献，是人品和人格的凝聚。价值是无私的、隐形的、潜在的。价值更是无价的。人将自身“价格化”，是对人的贬值。人价值奉献，对社会而言，可长远发挥效用。有些社会价值不容易拿来评价或认可，

有的甚至无偿地献给了社会。这种无形的社会价值奉献，虽默默无闻，但历史和社会价值更大，无法用商品交换价格来标注的。

人类共存同一地球，同处一个时代中，每个人要谋生，重视价格是必须。人既是个体，又是社会人，一方面用物质满足自己，同时又需为社会做点有益的事，是自身对社会的价值奉献。今天社会丰富多彩的现代成果，正是一代代前人社会价值奉献的累积。人生价值市场化，是对自身价值的亵渎。历代为社会进步事业奉献的老一辈，各行各业做出超值贡献的英模，后人会记住他们的社会价值奉献。革命战争时代，有的老帅抛弃国民党给予的高官厚禄，为追求社会进步信仰加入条件极为艰苦的共产党，这种看似吃大亏的“价格倒挂”，正是对人生价值意义的追求；据说美国曾愿用五亿美元价格收买中国科学院士水稻专家袁隆平，遭到袁隆平的不屑。这透视出袁老专家的人生价值，只愿奉献在祖国热土上，不羡慕什么五亿美元自身价格；物理学家钱学森，五十年代放弃所谓“天堂”日子的美国，为贫穷祖国两弹一星国防事业奉献自己的人生价值，用赤子之心报效祖国。当时美总统说，一个钱学森的价值，顶几个师的部队。这些人的社会价值永远无法用价格计算的。

这就是常人看中价格，聪明人看中价值的真谛。

人在一半动物性，一半灵性间摇摆跳跃

人与动物最大区别，人是理性、感性同存在于一体；动物只有本能的感性。人的理性可将自身塑造成高尚儒雅的君子；或为理想信念追求而赴汤蹈火，直至献身。同样，人也可以感情用事，“跟着感觉走”，啥都敢做。为追欲逐利，变成贪腐成性的势利小人；更有甚者，随性而起，反复无常，杀人纵火，堕落成千古罪人。某些场合，人可以有翻手为云、覆手为雨的无常变化，做出不可思议的事情来……从哲学观点看，人的一切隐蔽层面的本质表演，都可还原成普通的人性现象。可以联想到，人类原始初期的野性状态定比今天的人更可怕。由于经历数千年人性文明文化滋养、修炼，人的理性程度不断提高，才有今天高度的人类文明。即便如此，表现在具体人身上的动物属性和社会属性仍然是界限分明的。“翻脸不认人”“张牙舞爪”，不仅是人自身修养的缺乏，更是人生物本性的自然显露。在一堆人面前摆放价值不同的物品，任其自选，很可能好的、大的先被挑完，剩下的必然是差的、坏的多。这就是国内一些自付

费商店最终开不下去的原因。人在欲望中生存，为争夺同一看中的配偶，能主动撤出的不多，弄得不好会拳脚相加，或以“决斗”形式，直到牺牲一方为结束，这在西方早期社会是常见的。人性的趋利避害、情感膨胀、为血缘或圈内人放手争夺是常有的事；而大度、拱手相让的慷慨人虽有，但总少于前者。人类的这一现象，类似动物群争夺食物规则，是“弱肉强食”的本能反应。好事归己，差的给人，是多数人性的本能俱有。今天生活中，男女恋爱时，不少女孩倒退至零智商，极度生物性，很少理性，也容易上当受骗。人和动物在睡眠中表现无异，男女性生活时也如此。为此，人身上永远有抹不掉的动物属性。

人在每个成长阶段，感性、理性成分有所不同，这与受到的教育有关，更与大脑发育成熟度相连。理性最高是人成年期以后。因走完了未成年人专门接受教育的阶段，加之不断实践锻炼，与社会交往经历丰富起来，人的理性程度会大大提高，即人社会属性成熟的旺盛期。成年人在家是顶梁柱，单位是中坚骨干。证明了成年人处理决策事情的能力是强势。这种能量主要表现为知识丰富，智商情商高，或叫主意足，点子多。知识、智慧、点子、主意就是一个成熟人的理性表现。这也是人能理性控制自己和原始随意性减弱的表现。成年人处事决策更能与社会需要相近。少些任性，多些理性，切合人情味，正是成年人理智的灵性表现。幼儿和未成熟的青少年，未接触社会前，属于成人的监护对象。他们更多表现为生活中的随意，任性。体现生物属性一面更强势，幼儿想干什么，硬上！不会顾及外界环境和条件的怎么样，正表现为理性弱和动物性成分比例大。年龄越小，这一现象越明显。婴儿的小手可以见火抓火，见刀抓刀，没什么敢不敢的，正是动物属性的主导结果。处老年阶段的人，要区别地看，一些学者、作家、教授、专家类型或以脑力劳动终生为主职业的人，理性更成熟，智商奇高，能用哲理看透世界，通透人生。这种终生脑思维清晰的人，身心机能衰退很慢，是社会顶尖层的少数。但其精神思维始终处在高灵性超越境界。社会众多老年人，随年龄增长，脑思维不断衰退，直至退化到“老小孩”。他们在躯体和精神两个退化中，逐渐迈向衰弱的老年。此时，精神层面的灵性渐少，生物层面的人性增大。认知世界的能力将倒退到近似幼儿。为什么一些老年人爱偏激、固执，就因为这个阶段人的灵性减少，生物人性增大，从思维正常人回归幼儿生物人的原因。此外，患有痴呆症的人，失去正常人思维活动能力，也能退化到生物人状态。

人一生都在动物性和智慧灵性之间摇摆跳跃。从婴幼儿到成年乃至晚年都如此。即使成年时期理性高一些，一旦遇上利益情感纠葛，尤其挑战到“底线”时，也免不了会不顾一切地发作，做出一些非理性事来。这时人性便跳往动物层面。人是社会的人，为美好环境添些光彩，就得自身多学习，多修炼，让健康的精神灵魂支撑自己更长久些。人要有信仰，对信仰的崇拜，可让自己灵魂干净，减少人

性中的生物属性。一个“说变脸就变脸”的人，必然修养境界不高；一个只顾自己，不顾他人和社会环境的人，易做出伤害社会及他人之事，常被人背后骂“畜生”，正是对这种生物人性下定义；一个为天下人做出杰出奉献的人，常被后人称赞歌颂，就是精神永存的人。这种人是精神智慧灵性高尚的人。

不踩“底线”，便有回旋余地

不踩“底线”，即不把事情做绝，给对方留有余地。人际交往，为利益或情感纠纷，把本该有路可走的一些事，做“极端”而抱憾永恒。人们相处往来，各有自己的心理防线，受人性本能的“安全感”防备决定。多数人的心理防线设置基于：平衡和谐是前提，谁也不愿轻易得罪人。为此，希望在原有事物矛盾性质内解决，不想扩大事态，也即“就事论事”地解决问题。人们协商、交往、办事取决于当时双方言语、姿态、情绪、心态。双方让步、妥协，可放可收的尺度，心里都有一本账。在“不翻脸”状态下，解决好问题是大多人想法。只要不踩一方“底线”，解决矛盾的弹性便大得多。法庭上设立“民事庭”正是借助第三方力量帮助解决民间矛盾和纠纷。

有人就有是是非非，有群体就有矛盾。人之间矛盾是非，通常是“公说公有理，婆说婆有理”。主动让步的虽有，但不多，因为人性最大特长是自己帮自己说话。但人性尚有另一特别之处是：多数不愿同外界结仇记恨。因为防备

他人给自己“穿小鞋”“设绊”。人际间怕外界“为难自己”“遭报复”，这一恐惧心理谁都有过。人群中是非矛盾难免，解决矛盾不可避免。凡有解决矛盾愿望，说明不想把事情弄糟。在不想“弄糟”心理下，人们用商讨、争论、争夺、争斗等方式，心理“底线”是：有主观求和谐平衡欲望，又视对方态度而变化。对方态度好，我以同样态度回报之；对方不客气，只能以“不客气”奉陪。奇怪的人性，一方面想好事，一方面又不失尊严，保住“面子”。是人性“自尊”的本能反应。当然，矛盾双方实力对等时，“理尚往来”局面方可维持。双方实力不对等时，弱势方找不回自己的自尊和“面子”，只有忍气吞声地让步，最多心里记下一笔仇恨。

社会和谐风气正，人们能在平等状态下生存交往，是多数人理想。人性虽然复杂多变，但有着本能的“怜悯心”和“同情弱者”“爱打抱不平”的心理特征；常有人“爱听好话”“压而不服”的心理习惯，“吃软不吃硬”在不少人身上存在。人之间存在矛盾是必然，起冲突为正常。但处理矛盾和冲突时，可以充分运用这些人性之中特性，帮助促进矛盾冲突向平衡方向发展。人的强悍身躯和尖牙利齿，是伤害他人的利器，但决不可小觑人身上软实力的强大。民间俗语：“打死人偿命，哄死人不偿命。”人的心态和气度很特别：有时维护自身人性的“自尊”“自我”“面子”热望比什么都强烈。但人用修养、善心、宽容、良语、微笑等软实力，一下能将对方火气征服。人的自身软实力哪里来：学习、修炼、调整心态，增强人的社会属性；提高理性，减少感情用事。人生付出和收获总量大体平衡，用文明高尚理性待别人，必收到同样的回报。这是人性“将心比心”的结果。

“底线”是矛盾各方的核心利益，“踩底线”是解决矛盾的极端方式。宇宙间事物都存在最佳尺度和质的正反界限。水烧干了继续烧，锅炉会爆炸；食物煮过了头会焦煳；工作、生活、学习、娱乐、休闲过了头，就是“踩底线”，必走向反面。“踩底线”是急速破坏平衡规律，“物极必反”，事物会走向不可收拾的另一面。“否极泰来”，指坏事达极端向好事转化；“乐极生悲”，是好事过了头会变成坏事。前面例子范围指在好事层面，防止乐事变悲。人和事物在平衡和谐时刻，而不“踩底线”，防止变恶、变坏。相反，对坏事恶事的处理，便要果断、干脆，可以“踩底线”，甚至必要。“否极”才会“泰来”。前者是本文主题。

人们要和谐相处，事物要平衡健康发展，就得具体问题具体分析。只要事态性质没有变，即没有伤害一方的核心利益，就不会惹怒矛盾一方“翻脸”，引起走“极端”。多数人性有“息事宁人”的本能，不愿扩大事态，引起两败俱伤的后果。矛盾对立面的两个人，都有相互恐惧的一面。再强大的人，也怕被得罪的人背后使阴招。只要事态性质没变，进退余地尚存，便可在双方未受到过分伤害下，协商调解，包括借用外力帮助，必有活棋的可能。所以，凡正面之事莫踩底线，定有回旋余地。

人以类聚——相似人性的本能聚合

“成群结队”“拉帮结派”是古老人性中遗传生物属性的延续。“人以类聚”是具有相似人性一类群体的本能聚合，人自发走近聚合，结成团伙大致分五类。

一是相同利益欲望的驱使，“利益往来”“酒肉朋友”“打家劫舍”“鸡鸣狗盗”之类阴暗面聚集。这类人为“巧”发财、快发财、投机发财的欲望走到一起。一般聚合规模不大，除历史上“土匪”“山贼”外，当今这类团伙人数不会太多。今天的黑社会、诈骗集团、吸毒贩毒团伙、赌博团伙等，皆属此类。这类聚合，仅以追逐不当利益为基础，通常不牢固，聚容易，散也容易。有利可图，聚一起；无利时各奔东西。这类人游离在国家社会的法律之外，只能暗地进行，是法律惩处的打击对象。

二是人们情谊相投的聚合。这类人走到一起，凝聚力强，关系较长久，且容易对外一致，古代较普遍。人生在这个世界上，很担心自身安全。中国几千年儒教文化熏陶，最讲一个“义”字。舍生取义，在所不惜。人之间“情投意合”“结义拜把”等聚合形式历史上较为多见。甚至上升到聚义对抗封建统治上层集团。宋朝时的山东水泊梁山好汉聚义，威震一方。民间一般结义合伙为防备外界侵犯或他人欺侮。当今人们之间的“哥们儿义气”“帮派”现象也不少见，年轻人群中更甚。为“义气”可两肋插刀、打群架、结伴闹事的也有。这类人群聚合与第一种差不多，与政治关联不大，主要为“利”或情感。小打小闹，对社会形不成大冲击。

三是爱好、兴趣、习惯性格相近。“以道会友”，共同认知，看法会集在一起。爱好和追求一致，容易拉近相识者走到一起，“道不同不相为谋”就是这个道理。这里人聚合自愿性强，真心实意，勉强不得。他们既是人性相近的统一，又是追求信仰爱好的结合。社会上这类聚合，未必起什么帮派名称，但就是容易结合在一起。爱画画、爱书法、爱钓鱼、爱玩鸟、爱跳舞、爱打太极、爱玩球的……都有可能形成各自的小集体。这也是有关文化内涵层次的聚合。

四是宗教信仰的聚合。宗教不是科学，但它是人类文明文化、哲学文化的体现。宗教起源是统治者为有效治理国民，让民安顺守序，是征服人们心灵的唯心主义文化，但对社会秩序维护起着重要的顺向作用。当今世界秩序管理来自民众自律，背后宗教的力量仍不可小觑。信仰制约人性，人心灵崇拜信仰。信仰可制约恶劣人性的激发。它可使人心灵的“容他”属性发扬。

第五种最高信仰聚合，是带有人生和政治抱负的聚合，为天下大多数人谋利的聚合，即政党和派别的组合。必以章程、宗旨的大义，吸引无数有抱负的人们。这一组合发起人，通常在有文化人身上。信仰建立在看透社会人与人之间依存的道义关系上，包括各阶层人所处的经济地位，也即马克思所讲的阶级关系。发起人从现实的文化层面穿透出来，产生出思想、主义。且创立出政党、派别。为实现一种合理制度而建立。孙中山先生的“天下为公”就是一种心里装着民众的进步理念；中国共产党“为人民服务”宗旨更是让其党员立党为公，为多数人民利益的正确路线。理念是党派凝聚人心力量的精华。加入带有人生意义和励志抱负的政党，是自愿牺牲一些个人利益而为正义付出。世界各个国家都有五花八门的政治党派，但是有生命力的，必是那些真正为人民利益办事的政党，能自我革命，不断创新的党。普通人群中，也有为人生意义而付出，甚至献出生命的单个人。但这属于个人的境界高低，是人群中的卓越者。

人性各不相同，但某些方面又存在共性。人是个体的，又是社会集体的。人作为社会性，共性更多一些，个性却千差万别。人性最基本的安全感、归属感、名利心、人生意义追求等，迫使自己“独树不成林”的状况需要改变，借助群体力量实现自身所追求，理所当然。社会的进步，人群聚合方式也不断改变。如中国历史上动乱时期的“土匪”“帮会”“武馆”“标行”等不复存在。今天国家稳定统一，各行各业都有民间自愿参加的行业协会、俱乐部等，什么书法协会、体育协会、工程协会、钓鱼协会、花木园艺协会、各种文体俱乐部等太多太多。给人们更多追逐自己抱负和爱好实现的机会。

人的最高境界是无聚合。境界极高的人，以天下为己任。四海为家，人人是朋友。无障碍、无戒心。这样的人必怀对天下感恩之心，宽容大度。这种人无须聚合，对所有人释放善意，看世界永远阳光。

想象一件事比做时更紧张

人的思维和实践能力，可将同一件事分先后两部分。通常思维在先，称“构思”或“谋划”；行动在后，根据“构思”实实在在的操作，最后收获成果。也有少数突发事件来不及“构思”，只得边想边干。后者小事较多。较大较重要的事件，还是先有谋划后再行动。人的思想比行为复杂，思想是心态的升华，时刻不安静的心态，为思想复杂的起源。思考从全面性出发是常理，面面俱到少不了，有时还准备几套预案。人的行动又比思考简单，行动是单向的，比不上思考范围那么广泛。行动是按选择后的方案行事，该怎么干就怎么干，无权更改。人的心情飞扬可以无边际，什么都敢想。要想做一件事，就要对做该件事的前因后果、价值评判、实施过程、可能结果等都要想到。而执行时，只要照规划方案行事即可，无须再考虑方案的准确与否。人思维时错了可以收回，调整自如；执行错了，将造成不可挽回的损失。但人在行为时，只要按方案办，错了，责任在方案。即责任在前面的方案设计人。这便是想象一件事比操作时更为紧张的原因。为此，工程项目设计集中的智慧人才比施工场地更多，等级更高。

人想象一件事比做那件事更感紧张有三个深层次因素。一是人的心理活动比行为操作复杂。人生下来第一反应是啼哭，是人性天生的恐惧感。成人考虑做一件事情时，习惯将保险系数做大也源于此，求得稳妥、增大保险、可减小恐惧感。“前怕狼、后怕虎”“左思右想”都是少不了的。心想着要做的那件事，容易反复斟酌，脑袋里总是放不下。做成了怎么样？失败了，又怎么样？害怕后果。人性反复无常特点、害怕失败的恐惧、思前想后的假设，必然引起思维紧张。二是人对要做的某件事设想属间接、虚拟的过程。而执行操作才是具体介入，是真真切切的实施。人直接面对一件事与间接设想那件事的心态是不一样的。间接构思、设想、谋划一件事是理性行为。紧张是心理活动。理性的必然要求是多方位设想，周全而稳妥，预估方案也不止一个。防止出错，避免失败的恐惧感总是挥之不去，造成想象中的紧张。而操作过程简单得多，只要照章办事按程序实施即可。把握好稳准度，就是成功，用不着想那么复杂。为此，没有前者的紧张感。三是受人认知能力的“可知”与“不可知”影响。想象一件事是“不可知”；承办一件事是“可知”。“不可知”造成人的心理和思维紧张、压力感大。将事情由设想到完成，是由“不可知”到“可知”过程。这一过程不仅复杂，有风险，且“成功”与“不成功”的两种后果都存在。所以，人在任何还未明朗的事情之前，大脑和心态都是紧张的。

世界上探索者的价值远远高于模仿者。人类社会的进步成果，是由那些勇敢的先驱者和探索者创造的。真正的完人既敢想又敢于实践。敢于实践的人属无知者，叫大胆探索。自古以来，人类对大自然的利用也是经过先实践这条路，才逐步认识和掌握众多可被人类享用的成果。鲁迅先生说过的世上本无路，走的人多了就成了路。人类在文明社会前，只有靠实践趟路，虽然付出了许多无谓牺牲，但实践成全了人类自身文明的建立。世间有许多事还得靠敢闯敢干、敢于实践来完成。因为做一件事比想一件事要简单。如果什么事都在脑子里反复思量，很多事都不敢做了。“糊涂人胆大”“聋子不怕雷”，这一简单思维的实践活动是人类披荆斩棘的法宝，尤其在人类社会开发的早期。随着人类社会进入高度现代化的今天，先进科学技术和文明文化知识积累，人们筹划运作一件事，可以在科学实验室进行了。大量实验科学代替了漫无边际的探险付出，这是社会的巨大进步。

总之，人类复杂的想象和勇敢的实践，都是人的至宝。

世界观——人内心的镜面反射

佛语：一花一世界，一叶一菩提。从一些极小的普通事物身上，可折射出宇宙世界整体现象及变化规律。人是宇宙的产物，从一个人终身变化现象即能反射出宇宙的自然运行规律。说人是一个小宇宙，一点不为过。人与动物的不同是人有思维活动，是高等灵感动物。人思维是心态反映的升华。心态是内心灵魂隐蔽处的心灵活动，是人性的本源。外表看人群，看不到灵魂深处的内心活动，只能看到五官肢体行为的对世界认识的观点及所持态度。人看世界的观点各不相同，总体看有三种类型：积极乐观、感恩敬畏的；处处反感、充满敌意的；抱无所谓、世界什么都不是，于我无关、只看到自己的。

人群同居一个星球，却对这个世界看法差异很大。每个人外表露出的看待世界的态度，实为一个人内心的世界观。敬畏感恩、发泄叹息、冷漠无关的不同态度，是人内心深处心态的镜面反射。外表是人心灵的镜子。人们对这个世界看法观点繁多，各有见解，五花八门。原因来自于

复杂多元的人性差异。每个人的自身人性，决定对生活欲望满足感不一样；对自然社会的认知能力有深浅；对社会他人感觉态度有差别；对自我评价认可有高低……加之人的性格、爱好、品格、情感控制能力、遗传基因特点等因素。形成了人对世界的看法差异，即世界观的不同。

除宇宙自然客观存在外，这一世界是人类社会世界。偌大的世界与小小的个体虽形不成比例，但每一个微小的单个人，都有权利用自己的观点，何种方式及态度来认识理解这一偌大的人类世界。虽说一般小小个体人撼动不了大世界，但从人权维护看，还应受到尊重的。世界观、人生观、价值观，存在于一切人的内心和大脑思维，是人内心对照世界的镜面反射。人可以靠语言、文字发表、行为指向等外露，折射其对外部世界的看法。人的外露有利于社会，将受到人们的称赞、肯定或嘉奖；破坏社会，伤害他人的外露，会受到纪律和法治惩处，这是人类社会求得公平公正的必然。人的外露是现象，是表层。外露产生于心灵心态和思维方式的内层。奖励和惩罚只能针对人的外露，对一个人内心阳光正派或阴暗诡谲还是不易察觉的。看人外表易，看深层难。人性是操控人行为的背后动力。一个人内心干净、阳光，看世界就是美好的，看他人便是优点多；反之，看世界必是阴暗，不和谐，看别人总是毛病成堆，唯独自己优秀。内心影响外在是人的本性决定外表。刚学会说话，尚未懂事的孩子，一般心里想什么，嘴上就说什么。孩子嘴上说的就是内心想的；直爽性格的成年人，有什么说什么叫“心直口快”；正派人，古代称君子一类，嘴里说的，行为做的，大都一致。“言行一致、表里如一”，指说做要统一，本指人的行为要与内心所想一致。人性与人的言语行为相一致，是终生做人的本分，是内心所想和言行的吻合。“言行不一，口是心非”大都发生在成年人身上。成人看世界比儿童世故、老道。为自身利益、有意扭曲自己，用“表里不一”“不正派”或叫“处事圆滑”也不为过，这是属于阴暗面的人性。

世界社会由正反、对错、是非、阴阳等矛盾对立面组成。心地善良、正面阳光的人，看世界社会是美好面多；心地阴暗、习惯反面看世界社会的人，肯定阴暗面多。这也是人性本能的善恶驱使，不必奇怪。但愿人类共居这个世界上，相互释放阳光、正义，善良面多多，使这一世界更加和谐美好，人类也更感幸福。人的世界观，是人对世界的看法。人内在心灵美起来，看世界便正面起来。受益的将是所有人类。心灵是人世界观的镜面反射。

人靠心态而不是心情活着

人的情绪变化很随意，他是人心情变换的表象。心情变化受人感官或脑思维影响。眼睛看到不合心意的事情，耳朵听到不愿听到的声音，躯体接触到不想触碰的东西，鼻子闻到难以接受的气味，等等，都会引起心情不快或反感。有时，大脑忽然回忆起一件不开心事或想到今后什么令人烦恼也会让自己心情不畅快。心情是善变的精神波动，它制约着人的情绪反复无常。人的心情好时，干啥啥顺，看谁都顺眼；心情不好时，见人想发火，干事总出岔子……人的快乐、忧愁、烦恼、激愤等情绪无常，全随自己的心情好坏而产生。人活在心情变化不定的波涛翻滚中，洋洋得意、恼怒不满、悲天悯人的情绪表露，都由自身波动的心情苦果酿造。心情是外在环境对主观心理干扰后出现人的情感状态。人心情极易随外界环境变化而波动。美的环境，顺的环境出现，其好的印象干预到心理，便激发起舒畅愉悦的主观感受，心情可随之好起来。反之，不顺或恶劣外在环境能立即引起人烦闷、苦痛、愤怒或忧愁。环境主导心情，心情随着环境转。变化莫测，是典型人的心情变化特点。

现实客观世界，世事变化无常；风云转化，无时不有。人心情因为跟随环境转，心中无定力，人是吃不消的。生活中一些人，整天喊郁闷、心烦、不开心，根源产生正在此。人的这种活法，多数人虽不想承受，但身不由己，无可奈何。因为这种人心理上总处在被动地位，让外界环境操控自己，活在别人的眼睛里。让客观操控主观，心无定性，造就了自身烦恼，甚至产生怨天尤人，抱怨这个世界的偏激情绪。谁都想愉快情绪常伴自己，但就是遥不可及，乐享不到，身够不着。这种随环境而活着的人，环境顺，他心情好；环境差，他心情就差。这种人永远站在被动的人生道路上，怎能不痛苦缠身？怎么办？改变活法。

人活的是心态，而不是心情。只要不被变化莫测的心情左右自己，人就会轻松自如，把握自我。这种人能主动操控情绪，不让外界环境变化支配情绪，内心稳定。该怎么活就怎么活，心有定力。这就用稳定的心态把握自己，使是靠心态活着的人。心态是决定人主观意识的稳定器。它是掌握自己如何活法的人生观和价值观。积极的生活态度，释放社会止能量。这种人无论身处社会环境的顺境或逆境，都能适时应对，逢凶化吉。积极阳光的人生态度，可激发自身优良行为的产生。顺境时，容易心想事成，成功的概率多于他人；逆境时，勇于闯过难关，度过灾难的机遇大。有积极心态的人，内心沉稳坚实，恶劣的环境不

易将这类人打翻击垮。20世纪五六十年代，受政治迫害的大学教授马寅初、冯友兰、季羡林等下农村，关牛棚，游街批斗受尽侮辱，但内心不改初衷，坚定信念，都未倒下去。平反后都成为九十岁以上的高龄老人、有重大学术奉献的学者教授。

随心情而活和靠积极心态活着的人，遇到外界环境机会同等，但前者在恶劣环境下易被打趴下；后者却容易突破，险中取胜。靠心情活的人，心态起伏不定，往往消极。消极心态的人遇事抱无所谓态度，丧失了主观能动性，任环境宰割：环境顺时兴奋，环境逆时沮丧。这种被动活法的人生，只会跟着环境转，没有不吃亏的。即便偶尔侥幸得到一点机遇，但时运不会持久。只靠心情活着，变化不定，心态消极，把依赖外界环境和自身主导的位置颠倒，只能让外界“为我而活着”，忽视了自己的主观能动性。靠积极心态活着，是“我为世界而活”，看似一字的颠倒、差距却天壤之别。

珍惜自己生命能来到这个世界的不易。人生命是万物之灵，无价之宝，人世间走一遭，就整体人类来说，只不过数万类物种之一，看不出多大意义。而对单个人生命来说，人生有着无穷的意义。人类创造的繁华多彩世界，美好无比；宇宙自然提供着优美环境，丰富资源。人活在这一美好环境里，既是机遇，又不容易。唯有摆正心态，积极乐观地活着，为自己、为世界、为人类做出一点什么，才能有个体人生命的意义。

宇宙万物变坏容易修好难

人的愿望总向往好的、完美的、永恒的。但物与愿违，人的天真愿望不过是一刹那的感觉而已。任何事物都在对立平衡中发展存在，其内在规律是：破坏平衡为绝对，保持平衡是相对。宇宙间事物变化是绝对，平稳是相对而暂时。但是人类希望的那个美好平衡长久存在，不尽如人意的坏事迅速离开，正好与宇宙发展规律相悖。因为宇宙万物变坏容易修好难。

自然界变化，人类社会发展，都按其自身固有的宇宙规律运行，规律不会买人类“美好希望”的账。规律客观固有，希望是人性的主观意愿。两者相向是顺应规律，两者相悖是逆规律。每个人一生基本都在“顺”和“逆”之间，选择着自己的行为。有形的物，智慧的人都在随境变迁，变化无常。粮食蔬菜果品自然堆放，不久会发霉变味；好房子久不住人，自然朽坏变差；连看似很少变化的顽石，也绝不是刚产生的那个样子；家用电器长久不用产生老化，衣服鞋帽放久便长霉……一切物品自发变质变坏，连人类

也是不学知识变愚钝，大脑不用人变笨；肢体不常走动便越发走不动……这些物和人的自变现象表明：宇宙自然一切物体变化都是自发；人更不可能放任自流。

自然界物品和人，唯有不断呵护、滋养，人不断受教育才能延长平稳期。一个初生婴儿，若无大人守护喂养，生命活不过几小时；一盘食物自然摆放，隔天就变质变味。但是，人类学会了对自身、对万物的滋养、保护，才让其美好的平衡状态得到有限延长。前者变化是自发的、绝对的；后者经保护后，延长平衡是有限的、相对的；万物自身变化，受内在的自然规律支配，不添加人力成本，它也在变化。当然，添加外力促变加速又是另一回事。这里主要讲的自然变化。万物要修好，人要变优，就得付出外力成本。如对物的保护、维修，对人的不断教育等。同时，人类付出成本后，美好的平衡现状仍然有限，何况付出成本的保护、维修及对人的施教未必做得那么准确，失误难免。这就是万物自发变坏容易，修好难的原因。人类美好期望，加上付出的保护滋养成本，为挽留万事万物美好期长一点虽不容易，但人类还必须这么做。

民间对人成长有句口头禅：“学坏容易学好难。”孩子出生，无一家长不希望日后成才、成名。可不能如愿的比比皆是。原因，现实复杂环境“诱惑力”及本身生物人性的负面作用，始终干扰着人的健康成长。人的一生都在“善恶”摇摆的钢丝绳上，有几个人生下来就想成“恶人”呢？应该没有。可社会人的品格、优劣差距是那么大。关键是社会良好环境形成和正能量、理性教育力度投入不够。即人类想留存“美好”的投入成本没有到位。正是万事万物“修好难”的原因。

人性本能的生物属性顽固而复杂，自然界和社会大环境中“真善美”和“假丑恶”永远并存，它们都是制约人生成长的负面，与人类抵制“假丑恶”发扬“真善美”的愿望相左。在有效教育缺失下，人们成为“假丑恶”很容易，很自然，而做到“真善美”境界难度大，这正是“修好难”的切入点。人们无法对抗事物变化规律的绝对性，但对延长事物平衡周期和促进事物向好的方向变化，还是有办法、有智慧的。人类几千年科学技术发明进步，都是为这一良好愿望做出努力的体现。人类有两大激发主观能动性的功能：一是对自身改造提高的强大功能，通过接受教育、实践磨炼、修炼感悟，始终让自己保持在智慧而优秀的人性层面；二是对自然社会不断认识和改革创新的主观能动性，让自然社会更加适应人类需求。如此，人类就不会被动地听从宇宙万物“容易变坏”的摆布。这两个功能便是对抗自然万物包括人自身修好的法宝。

人和环境互相适应中，不失人的“主体性”

在“英雄造时势”还是“时势造英雄”的历史争辩中，人们各有己见，应该说都有道理，关键看背景，要害是不可失去人的“主体性”。毛泽东在著名《矛盾论》中说“人在改造客观世界的同时，改造自己的主观世界。”人类历史发展进程，是人类不断改造世界的过程，并在对世界的改造过程中自身得到改造。人适应环境和环境改变人是对立统一的。这一矛盾推动人类和世界文明不断进步，人类物质文化生活得到极大改善和提高。人类起源进化经历了原始社会、奴隶社会、封建社会、资本主义社会，并正在经历社会主义社会。直至今天高度发达的现代化商业社会。人类在社会制度变更过程中，从落后的原始打猎、石器农耕、手工操作不断走向机械、电子信息高度化的现代社会。同时，人的知识、智慧、技能得到很大提高。这就是人在改造客观世界同时，自己得到提高。现代商业化社会的进步，是人对自然环境不停改变的成果。人对社会管理秩序改革推进，获得了人类自身发展需求，同时使人类和所处环境相适应，人在改造客观世界环境中，让自己变得更加聪明、理性。这便是人改变了环境，环境也改变着人的矛盾统一。

科学技术是促进社会生产力提高、经济增长、人文进步的推手。科学技术的应用，使社会物质财富增加，人类生活更加舒适便捷，人们生活享受程度大大提高，且成加快趋势。现代工业化社会里，信息技术革命飞快，产品性能改变步伐不可阻挡。日用电器、机器人、智能化产品、尖端产品等模拟人的服务产品，越来越替代人的原有服务功能。人们用手机或网络视频，即可得到不同以往的享受和服务。只要坐在家里，便基本上要什么有什么……人们无须操弄实体，不必用心去体验观察。这一眼花缭乱、纷繁复杂的现代市场化信息和周到服务环境，牵拉着人们往前走。人们跟着信息跑，依靠智能设备伺候、送上门的快递服务生活……人的主体性能地位容易降至被动性从属。在社会学家眼里，已让人担心不已。走过数千年主体地位的人类，下一步不知该怎么走，啥个活法？

人类对自然环境和社会制度的改变硕果累累，并从中享受到生活富裕、舒适便捷的甜头。同过去相比，富裕带有点奢华的现实环境，正在影响改变着当今一代人的消费观念和生活方式。市场化有促进经济发展的一面，也有麻醉人，致人奢靡忘记生命初衷的负面。它瞄准人性“贪图享乐”“爱慕虚荣”“在乎自我”“贪欲无限”等众多弱点，为获利商家推出花样更多的、人们本不需要的奢侈品。当然，这不是市场机制本身的责任。

社会发展到一定阶段，容易使人忘记什么是人。真实的人、虚幻的人，似乎差不多；“是是”“非非”难以分清。人生命和生活不是一码事。只听说“人最宝贵的是生命”，而无人说“人最宝贵的是生活”。生活只是人生命中重要的一部分，把生活当成人生命的全部，是颠倒了主次。人需要健康而满意的生活，但更重要的是如何做人。人的生命才是根本，生命完了，再好的享乐生活也毫无意义。市场只制造生活产品，它受利益驱使决定，很难制造出生命需要的产品，因为生命需要的大量精神产品无利可获。多重、广泛、健康的精神追求，是人生命的追求。不是吃饱了、喝足了、奢靡豪华的生活便是生命全部。有知识、智慧、品格高尚、身体健康才是人生命的全部。社会进步指物质和精神文化生活都提高。当今，人把“生活提高”当成绝对使命，是做人的偏差。人要活出自己，目睹琳琅满目、眼花缭乱的商品及服务时，应内心清楚，哪些是我需要的，哪些不是我需要的，这才是做主体的人。

人是世界的主体，人主宰自然和社会。人被社会某些豪华虚幻引诱着走，就不是人的主体行为。历史是人创造的，评判这一世界永远是人的权利。站在人类立场看世界，才是世界文化的灵魂。离开了人，世界即一堆无灵魂的死物。人为主体才构建人类和世界文明。人不能被客观环境拉着跑，让现代科技拉着走。人是驾驭支配现代科技，让其为人类服务。人，永远是大写的人。

代沟——时代现象的家庭缩影

当今，人们习惯用“代沟”来表达少儿、青年、中年、老年人之间观念认知及思维习惯的不同。甚至更简洁称其“八〇九〇后”“六〇七〇间”“四〇五〇前”，便可预测各个年代出生人的观念习惯和理想信念差异。出生在不同年代的人，往往带互相藐视或盲目自信的一丝意味。当然，相互欣赏仰慕的也有，只是不多。其实，代沟存在是必然的，客观的，因为人类延续以来早已存在、从没有无“代沟”存在的真空。只不过时代发展变革越快、代沟越深；时代越平稳，代沟越浅。生活在社会里的人，无不被时代打上深刻的思想烙印。

时代变革大的有政权更迭，小的有管理体制改革创新。其间与之相适应的意识形态、经济政策导向、文化艺术观念、国际交流融合、生活方式等改变，都不可或缺。这种转换带给人们的感受是：有些事物及现象过去认为对的，现在可能是错的；有些过去错的，现在看又是对的……人群以家庭结构组成，社会变革现象缩影到家庭，由于人们

接受社会现象反应程度不同，认可态度有差别，各种观念汇集到家庭，产生“代沟”。当然，社会不同年龄人群相交碰撞，也免不了“代沟”摩擦。但“代沟”摩擦战场主要还在家庭。

人被打上社会及生活环境印记，往往深刻而久远。对曾经生活过的时代留念、向往，可能成为某些人一生的回味。记忆中的回味很真切，也很虚幻。历经新中国成立前后五六十年代生活过来的爷爷奶奶辈，他们从新中国成立前背井离乡的苦难中，尝到新中国社会稳定、安居；政府同人民鱼水情般温暖；人们情感融洽、互帮互助的和睦相处。虽受物质贫乏之苦，但过着的日子却很甜。当代，一直生活在物质优厚环境中的年轻人，是无法理解的。最讲实际的年轻一代，通常用有形的财富多少、职位高低、名望大小来衡量自己和家庭幸福感。这样“代沟”便来了。前者注重情感，用纵向、自身对比中，决定自己及家庭幸福；后者注重实际利益，从横向攀比中寻找幸福点。二者观念、感受、认识不同，产生“代沟”分歧点。前者批评后者“忘本”，生活方式“奢侈浪费”，而后者必回击：“老落后！愚昧，保守。”人观念产生于自身经历和价值观取向。但这些“代沟”产生元素，都来源于社会大现象。

“代沟”现象说明了社会时代的进步。改革开放、市场经济模式引进，国家经济快速发展，人们物质生活改善很快。“饥饿”“贫穷”成了电视剧中的故事，现实中已找不到。生活方式多元化、文化娱乐丰富多彩。节俭、正统、爱听红歌、老歌走过来的老一辈，与今天适应会享受，习惯新事物、爱流行浪漫的年轻一代，当然无法合节拍。这应视为正常，不可强求合一，求同存异即可。“代沟”强烈，证明社会发展快。许多几十年前没有，甚至不敢想象的新事物，现在出现了。信息技术、快捷方便、舒适随意的新事物、新品种，改变人们的生活方式。这正体现着国家实力强大。假如国家社会发展无什么变化、平平常常，人民群众的看法、观念就会延续一致，变化得少一些。物质决定意识，国家富强，观念意识必然层出不穷，“代沟”形成正常。

客观历史地对待“代沟”产生元素。爷爷奶奶辈时常唠叨当年生活年代的勤劳、节俭，当代年轻人未必照原样做，但那个时代勤奋俭朴的精神就是对的，永远有社会价值。怀念自己经过的年代是人之常情，每个时代有正负两面，每个时代人也都有爱有恨。经过政权更迭的战乱，人们记忆犹新的是负面多。20世纪五六十年代生活过来的老人，在国家稳定的政权里安定地生活、爱多恨少。记忆中的人际关系真诚实在，“人情味”浓，社会风气纯正是历史事实。但缺衣少食的温饱不足，又是另一面的缺憾。社会发展到今天，用经济快速发展弥补了那个时代的贫穷，获得人们拥护。可是富裕起来的国人，又带来社会风气的下降，是那个时代的精神价值倒退。从哲学观点看，事物矛盾双方，对的里面有错的，错的里面含对的。绝对正确和绝对的错不符合辩证法。不能轻易全盘否定某一时代。同一种做法，

站在今天时代立场看不合理，但在当时社会环境里做就是有效的。我们今天做的有些事，看似不差，但保证不了若干年后的社会环境里不被后人指责。历史地看问题才科学，辩证地两面看问题才合理。如此，“代沟”中争论的问题就不是问题了。

立足因果，一切安排都是合理的

宇宙地球造万物很科学，一切事物按其内在质的规定性，施加其“因”后，必产生新事物之“果”。奇特的人性，总想少付出，多收获；甚至不用付出，也可收获意外的“果”。人的天性爱美，只愿接受好的，正面的事物，拒绝负面的坏事物。这一不平衡的劣质人性，一旦遇上现实中事物发展的恶果、坏果、差果来临，便怨天尤人，怪天怪地怪他人。这也是生活在现实中人们习惯看“果”不看“因”造成的。大自然及社会各项事物发展，并不都如人们的期望所愿。该怎样还是怎样，只按它自己的规则行事。好的、坏的，对的、错的，优的、劣的，喜欢的、讨厌的……各种正反事物照样出现。人们接受也好，不接受也好，它仍然我行我素，依然顺着事物内在规律运行。这就是世间一切事物发展的客观必然性。客观事物发展不会按照习惯异想天开人的主观意识走，人们能顺其规律办事就很不错了。但是人们可在事物发展外在条件的“因”上大做文章，并让其结出较好的“果”。这才是

人的用武之地，用力之道。

世间万物布局安排，万事发展过程终结，都是事物现象。人的智慧力量可施加在事物发展变化的成“因”上，让它结出必然的“果”。孩子付出刻苦勤奋是“因”，被录取学校或日后事业成功是“果”；企业管理到位是“因”，优质产品获市场认可就是“果”；反之，员工松松垮垮、风气涣散、劣质产品上不了市便是“果”。农田管理不到位是“因”，粮食作物产量减少是“果”；人不健康生活方式无度是“因”，疾病袭身就是“果”……这些浅显的实例说明，谁也逃脱不了自然界因果关系的惩罚。事物在矛盾对立统一状态下存在，有对即有错，有高即有低，有正即有反、有大即有小、有阳即有阴……正反同时存在是事物的合理现象。只有“好”没有“坏”，只有“对”没有“错”，只有“优”没有“劣”，是不切实际的单相思，也不公正。自然界光有白天，没有黑夜，只有阳光灿烂，没有阴云密布；只有香甜，没有苦臭……违背自然界存在法则。人们认识客观世界后，就会理解自然界、社会上“存在的就是合理的”这句话意义。这是西方哲学家黑格尔说过的话，是一切事物的对立法则。事物反面存在为什么还合理？因为事物两面都存在是由不同“因”造出的“果”。宇宙天体运行的“因”，人们探究认识还很浅，但现实生活中的“种瓜得瓜，种豆得豆”“天道酬勤”，人们付出大小与收获多少的浅显易懂道理，谁都相信的。

人性为什么容易接受正面，排斥反面？由人生物属性固有的“惰性”“贪图享乐”“得寸进尺”“坐享其成”，及赌博心态“宿命论”心理等众多因素支配。人都有“盼好事临头、坏事勿沾身”的“宿命论”幻想。但客观的万物世界，不会随同人的想象去转，它只是稳定地按自身运动规律发展变化着，正反两面事物都会正常出现。人类能使得上劲的地方，是用自己的知识智慧把事物发展趋势看得准确一些，将力量放在事物发展的外“因”上。如此，收获好“果”会多一些。

用“一切安排都是合理”的广泛视角，看待人群间的差距，其原因便清楚：凡成功人士，必付出智慧和勤奋的汗水，同时有自身人格人品做支撑；反之失败者，只是付出努力不够，或由某些不如意环境造成。有人喊：“人生下来就不在一个起跑线上。不合理、不公正。”话未全错，但全部归咎于外因。人生差距首先是自身勤奋努力、客观环境差距也是成功的必要条件。出生于同样条件的农村家庭孩子，长大后或者结果是不一样的；同样优越富裕家的孩子，成人后也有不同结果。原因多样，但自身努力是首要。

事物的“合理”不等于合规合法。此处“合理”指该项事物因果关系客观发展结果，是“应当”的结果。“合理”等同于“应当”，而非一定合法合规；一个坏孩子，往往出生于不良父母家庭。“坏”孩子不是“合理”，但出生在这样受不到良好教育家庭，是“合理”的，是恶劣外“因”造成“坏”孩子的坏结“果”。“合法”“合规”是人为制定使事物往好的方向发展的制约手段。如制度、

纪律、法令、法规等。主观意义上的“合理”是符合理性、符合道德规范，同前面因果关系产生客观“合理”不同。世间只要“事物存在就是合理的”，只指客观上的“应该”，它由因果关系决定。

智者看因　庸人看果

事物发展变化在因果中进行。“因”回答“为什么”；“果”回答“怎么样”。什么“因”就有什么“果”。宇宙间没有无“原因”的“结果”；也无没有“后果”的“原因”。“因”渗透在事物发展过程中，制约着该事物发生发展的条件，“果”是最后的呈现。“因果”兑现有立竿见影、当即发生；也有潜伏很深，较长时间难以显现出来。自然界物种繁殖是“种瓜得瓜、种豆得豆”。种下“瓜”收获“豆”，种“豆”收获“瓜”的因果关系是找不到的。当今，运用高科技育种繁殖，用转基因办法改变了一些物种形态、但其中主要基因品质是丢不掉的。事物发展变化只能在基本品质内涵一致或相近上发生。至于往“好”还是往“坏”的方向，变“优”还是变“劣”，要由其促变的“因”来决定。做好了“因”，结果必然好，否则，“果”也不会好。因果关系发生、合理合规、符合逻辑思维。宇宙运行，大自然物种变迁及人类长期发展进化，都是因为它们在合理合规的因果逻辑关系中有序进行，才得以形成与人类生

存生活相适应的自然条件。

人思维和行动都有成功不成功两种可能，谁都不愿接受失败后果。有些人对事物投入心存“投机”，或马马虎虎，甚至少付出、不付出。这种人不愿在办事上耗费该付出的精力物力，而对事物发展的结果，却抱很大希望，恨不得坐着不动便抱上个“金娃娃”。这是用投机取巧甚至欺诈的“因”，妄想获得重大的“果”。考场内用先进现代通信工具作弊代考，企图获得进名牌大学的“果”；博彩行业内总想用几元成本摸出个百万元以上大奖，用赌博手段赢大钱；利用手中职权收贿贪污发大财；商业市场上卖假冒伪劣商品赚大钱；不法分子用网络诈骗获暴利……诸多现实事例，说明一些人越发看轻或践踏事物发展的“因”，极其重视收获的“果”。这种人总由失败到犯罪坐牢。连其人本身也遭到有罪恶之“因”，必收到牢狱之灾的苦果。这是一些人的愚昧、懒惰、投机及罪恶心理所致。因果关系实为付出和所得的平衡关系。人生总付出和总获得大体相等，这是辩证法的平衡，是宇宙自然发展的平衡规律。一些人耍弄投机、欺骗伎俩、妄图少劳而获或不劳而获，结果当然是自食其恶果。人期盼“心想事成”“实现梦想”无错，但不可藐视和违背事物发展规律。宇宙间事物发展规律即中国道家创始人老子所说的“道”。“道”很公平，它不听一些人随心所欲投机取巧的那一套，也不买“不劳而获”“无本就能获利”的账。规律内在作用的力量就是按其自身内在性质运行，促进运行条件就是外在施加的“因”。

世间被因果关系碰得头破血流的人很多。央视一台连播八集《反腐在路上》纪录片中，揭出多少不劳而获，靠贪腐暴富官员受审判后的“忏悔录”。足以说明，有什么“因”，就会收到什么样“果”。

智慧的人在因果关系中，深悟事物发展的“道”。他们思考问题，办事行为方式，都踏实勤恳地付出在事物的“因”上，少考虑或不怎么考虑其发展结果。这些人懂得：想达到目标，办成一件事，自我付出必须到位。这种付出不是“蛮干”，可以运用智慧或先进技术帮助，取得事半功倍的效果，但都是脚踏实的脑力和体力的付出。投入力度重点放在“因”上。他们的自信是：只要有艰辛科学的投入，就不怕没有好的结果。传统的农民种庄稼，同样气候下，谁家付出辛劳和汗水多，谁的收成好；有的家长只看孩子用功和学习态度，并不怎么过问其考试成绩；不少智慧老人养生保健，精力放在平日心态、膳食、运动、睡眠等生活方式合理平衡上，也就无须过多关注查体的每项指标，通常健康长寿的多属这类老人。

日常生活里，人们看中“果”而不重视“因”的人太多。这些人的生活太现实、太直白，他们经常碰钉子也就不足为奇了。智者看“因”，庸人看“果”，界限分明的两种认知态度和两种结果，逃脱不了宇宙间事物发展规律的奖赏和惩罚。

“蚂蚁啃骨头”——能量超凡

人事业失败，大多败在自己“意志力”不能持久，毅力不坚强。人的许多美好理想计划，实施后而无结果，输在人性的脆弱、畏惧困难、贪图享受、反复无常的本能天性上。人有思想，便常常活动在对事物的设想和预测中，“前怕狼后怕虎”的反复思维折腾，往往削弱人们本该勇往直前的意志。人设想或计划的东西远比后来结果落实要美妙得多。为什么设想与结果总有差异？除预想计划失准、技不如人、外部客观环境变故之外，多数还是执行人自身意志力不坚定造成。当然，也有结果比预想好的事发生，但属少数，可能与环境机遇的改变有关。“蚂蚁啃骨头”这句古老而通俗的话，却隐喻着人自身“意志力”决定事物成败的大道理。

“蚂蚁啃骨头”是一种精神，一种不怕难，不畏惧、不低头的坚韧不拔精神；一种似乎“不可为而为之”，迎着困难而上的勇气。人性最可贵的是这种精神和勇气。由于人性固有的“不劳而获”“吃现成饭”的惰性，容易在事业前行的路上自觉不自觉地冒出来，期盼“天上掉下馅饼”的心理和“赌一把”的投机心态，时不时萌发于内心。这些劣质人性一闪动，人的意志力便断然下降。人的“意志力”在艰苦的经历中更能体现。“想好事”、盼“天上掉馅饼”的投机与享乐怕苦的惰性，可让人浸沉在短暂的精神虚幻中，一旦清醒后，现实还是现实。这类人只好承认失败。过享乐日子容易，忍受吃苦日子困难，是人性之本能。这一人之本性操控着许多人的事业前进路，选择放弃、停摆、甚至倒退。缺失的正是“蚂蚁啃骨头”那种奋战到底的拼搏精神。

“蚂蚁啃骨头”是人的毅力体现。人在实施事业中，一帆风顺总是机遇的少数，前进路上遇上惊涛骇浪和困难是常态。停止不前，定是遇上了困难。人们从小学就喊到大的“克服困难”口号，喊着容易做时难。人反复无常是生物本性，面遇真刀真枪实干时，能顶住的人虽不少，但总有一些人止步退却，甚至自甘落后，承认失败。这后一种人毅力脆弱，搭“顺风船”乐意，乘“逆风船”便怕难。是地道的意志薄弱者。现实社会里，那些事业有成，功成名就的人，必然是勇于往前闯，实践中磨炼的强人，“锲而不舍”正是他们的可贵闪光点。那些顾虑重重、遇上点困难就想着退缩的人，必定是事业的失败者。这类人缺失的是坚韧不拔的毅力。

“蚂蚁啃骨头”，指一个人能从小事着眼的务实态度。世界上单个人碰上惊天动地大事总是极少，绝大多数为普

通平凡的小事。那些“小事不愿做，大事做不来”的人，在单位不会受到认可。宇宙间事物构成的大小，从来是相对而不是绝对的。大小事之分，仅在事物某相对阶段内出现。大和小相互转化，是事物矛盾发展的必然。从这点看，凡该做的事，就无大小可分。因为看着“小”，但可能影响全局，颠覆整体。一辆汽车、一架飞机，拧一个螺丝帽之类“小事”，稍有马虎，便带来抛锚失事人命关天的大事发生。人们日常生活中吃喝拉撒睡，上班按键盘、接听电话、抄录等尽是小事，但出错会酿成大事。“蚂蚁啃骨头”比所有事小，可比喻人们行事从眼前着手，从小事做起，坚持下去，就有成果。苍天不负有心人，不负那些踏实做“小事”的人。

“蚂蚁啃骨头”是对前途充满信心，眼光放远。没有目标愿景在前方召唤，是不会有人干这百分百无意义的“蚂蚁啃骨头”之事的。这是信仰的坚守。历史故事里的“愚公移山”；自然界中的“滴水穿石”，成语“铁杵磨成针”之类话……都是鼓舞人们做事要坚守，要有耐心、信心。

“蚂蚁啃骨头”精神，人们做事心态要坦然。摒弃“攀比心理”，埋头做自己的。人之间知识、智慧、体力、机遇、环境等差别永远存在。“左顾右盼”便无法专心做好自己的事情。体育竞赛场上，赢家都是在比赛中不管别人怎样，“只赛好自己”的运动员。坦然心态做好自己，少些攀比，最后成功的很可能就是自己。

天底下无真正近路可走。有人走了近路，无非是用前人创造的成功环境，扶着前人梯子在爬。有必要，但也是前人从零开始一步步走过来的。即便利用前人成果走了近路，也该想想自己为后人做点啥吧！“蚂蚁啃骨头”是一种因果必然。只要前面路子对，不停走下去，终会有收获。这是大智慧。人们付出了足够的“因”，其等待收获“果”的能量，必将超凡。

美是欣赏出来的

美是所有人的渴望。爱美、欣赏美是人性本能。宇宙间“真善美”与“假丑恶”并存，人会天然地热爱前者而厌弃后者。人的欣赏是一种能力，是人对事物的情感识别和体悟。自然界、社会，美的东西散遍每个角落；美与丑共存于同一物体，包括人身。关键是怎样欣赏，用什么视角去发现，这是区分人心态和欣赏能力差异的要害。社会人群对外界“美”的感觉差别很大，同样的东西，有人觉得美，有人认为一般或不美。人的这种对事物、环境、他人的认同，对美的感受，并非因为被欣赏的外在不同，而是认同者的心地心情和欣赏能力差异所决定。人是有思维、智慧、理性、情感活动的灵性动物，而这些精神领域的活动，受人心情心态支配。心地善良、心态好，欣赏能力强的人，看外界一切总是美好的；心态差、欣赏能力弱的人，看外界一切都不会顺眼，更找不出美的体验来。佛界有句话：有慈悲心，就没有看不惯的人；有智慧，就没有看不惯的事。这种人看世界当然就美。发觉自然界和社会的美，要从人心地、心念、智慧和欣赏能力上探究。

自然界，人类社会组成都由正反两面的矛盾共同体组成。指望自身只生存在美好环境，打交道的人都是好人善人的单纯想法不现实。生活在地球上的人，谁都无法避开“真善美”和“假丑恶”同时存在的现实。追求美是人性永恒，喜欢美是人的本性。指望外界环境都美、永远美，更是难以达到。宇宙大环境中，山川、海洋、森林、沙漠、河流等一切，有天然的大美，也有恐怖感的神秘苍茫；日月星辰，风雨雷暴，春夏秋冬、白昼黑夜变换等现象，一切都自然发生着，希望它们都变得很美不现实。有蓝天白云，就有阴云密布，风雨大作；有春花秋月，天高气爽就有严寒酷暑；有绿树成荫，就有落叶凋零；有风平浪静、碧海蓝天之美，就有恶浪翻滚的台风怒吼……国家社会制度和管理方针决定一个国家是太平盛世还是动乱不堪；人文教育水平和人的自律能力决定社会的文明程度。对个体的人群来说，都期盼社会环境人文环境十全十美，但不可能。向往宇宙自然尽如人意更不现实。

当然，人们在力所能及的小环境里，顺应自然规律和社会走向，做些局部改善，用人力智慧改变小环境是完全可能的。江河的改造；森林覆盖面增加；城市公园修建；美丽乡村形成；旅游景点环境改善……人文环境中，人要自身变美，就得看书懂知识，受教育增强人的社会属性，多实践感悟修炼自身，人变“美”也是有路可走的。

体验环境的外在美，既是客观现实，又是主观感受，

重要在主观感受。感受靠人的心态。善良宽容的心，产生尽善尽美的情趣，容易找到发现美的方法，提高欣赏美的能力。一个心态不健康的人，遇上再好的美景，碰到优秀的路人，也感受不出对方的美。人的心地美，见到的世界才美，欣赏美的能力便自发产生。心态不健康，无心思欣赏花好月圆，良辰美景。这样人对客观世界认可，永远是诅咒的。心态制约着人情感抒发时的欣赏能力，决定着该人对外界事物认可的美与丑。对外界事物欣赏能力强，由于心花怒放，便觉得什么都美好。与他人相处时，见到对方优点长处就多。这种人路遇身旁一棵树，路边一丛小草都感觉很美。这样人心态平和、心地宽厚，其欣赏美的能力与心地狭窄、斤斤计较的人截然不同，欣赏能力差别实为人心态差别、人品差别。世间事物“美丑”并存，能多看美的一面，必是良好心态的人，对其自己身心健康也大有裨益，实际是赚了的人生。扭曲心态看世界，眼里全是问题和垃圾。这种人欣赏美的能力降到零，外界对他们定然无美可言。

但愿人人用健康心态看待自然，审视社会，此时，美感大增，可拥抱世界的美。美是欣赏出来的。

协调配合——人性的天然默契

人类除少数在无法受约束的秩序之外，绝大多数能守护着相互支持、协调配合的人性默契。协调配合通常在两种状态下：一是国家团体规定的法规秩序内迫使做到；二是人群间相互自发遵守和秉持。社会没有人的协调配合，一切人群交通工具交会聚集的地方，几秒钟内会乱套，后果不堪设想。社会人存在，除家庭外，通过国家、党派、社团、单位街道等多层多种组织机构形式构成。人在各个组织机构里稳定有序结合，就得制定各类规章制度、法律条文。用以约束违法违规等超秩序外行为。从最高的刑法处决，坐牢至各个层面的纪律处分，威严无比。“高压线”碰不得，是普通人性良知不愿触发的心理底线。法律、法规、纪律是外界客观约束人性的工具；人类顾大局、自觉地协调配合又是人性天然相互默契的本能。街道马路上：各类汽车、电动车、人力车、车水马龙；人群窜动、来来往往、川流不息、喧嚣不停。从早到晚，日夜不停地喧闹流动，但却有规有序、自觉遵守红绿灯信号，做到左右分道行驶、不超速、不轻

易按喇叭；人群自觉走人行道……很少发生互相碰撞和乱闯行为。这便是规则约束和人性自我理性自律的双重效应。羊群、牛群、马群上路，进围栏，人要用鞭子驱赶；人群会集，却能自发配合协调，是来自人性善良的美好默契。人有生物属性和社会属性两面，成人群体中的社会属性占主要成分。如果没有后者，即便有规章制度法律条文，人回到生物属性面，就不会顾及正义与非正义，天下必将大乱。人性的自觉守护，管住自己，约束自身不违规，不超界限，正是几千年来人类先进文化熏陶的人性善意表现。

人是群体性的高等生物。普遍的人际相处中，释放着大量各式各样的人性协调配合的善意，维护着人类之间的友好和睦相处。协调配合在亲情、邻里、同事、同学、朋友间义不容辞；在社会陌生人群之间也是无处不有。这种自发，来自人性善良本性深处的美好爱心，是超越法律规章制度之外的自觉行为，正是人性美好的难能可贵。这是人类社会维持基本平稳、融洽相处的道德主流，是与其他物种自生自灭、弱肉强食、物竞天择的重要区分。这是人社会属性的优势释放，人们只要走出家门，必遇上熟悉的、陌生的不同面孔人群。熟悉的点头问声好、陌生的默默平静、随后各奔东西。并没有发生吹胡子瞪眼，或怒目相视。这就是人群自发的善意相处。至于公交车上给弱势人群让座；马路边对危困人的搀扶救助；为灾区捐钱捐物；以志愿者出现帮困扶贫……这些人和被帮助人之间虽不相识，却体现出人群间善意互助的人性之美，更是人们对弱势一方的美好协调配合。顾大局、识大体、体谅他人困难，体谅国家民族的危难，最能激发人的善意人性。这种人性纯粹而高尚。

协调配合是维持社会平衡稳定的必须，渗透于一切场合。公共场所人们自觉排队，“先来后到”“礼让三分”“尊老爱幼”等诸多行为，都是善良人性自发的释放，也是社会公德的一部分。家庭内的协调配合一是离不开，二是更自觉主动，传统的“夫唱妇随”“男主外，女主内”“男人主动担起家庭重任”，等等，都是组建家庭的基本职责；抚养子女、孝敬长辈，是夫妻双方应尽义务。处好邻居、善待他人时维持家庭和外界和睦的通常做法。有多方面人的协调配合，才能维持一个正常家庭的存在。即便今天社会家庭组建，男女更平等、各自独立自由成分大，但双方共同体家庭的基本责任和义务不可丢失。支撑责任义务靠的是“协调配合”，靠人的善意和爱心。

数千年积淀的先进文化滋养着人类，是人社会属性高于本能生物属性的结果。社会前进，由人类共同人性的优点推动，离不开社会人群的相互协调配合。政治制度的制约，针对人群不自觉一面；维护社会正常秩序，更离不开人类自发的协调配合，靠崇高善良的人性付出。世界人相识者很少，陌生者更多。一个人做着什么，也同时为他人正做着什么，大家彼此无言地配合协调，扶持这个人类美好大世界。

精神饥饿比物质饥饿更难受

物质饥饿指人生活中物质资料缺乏，食不果腹、饥肠辘辘、挨饿难忍；精神饥饿是人的精神空虚、心力疲乏、无所事事、失去追求、穷极无聊。正常人精神心态平稳而积极向前，这种人看世界正面，评价环境客观公正，能较长时间保持心态坦然、淡定。精神心态受自身心理因素和外在环境影响。平稳的心态生活于现实中容易脱轨、偏离正常的人性平衡心理轨道。现实中人的精神抑郁、消极、自闭、悲观厌世、神经质或恶性思维膨胀等，都属精神饥饿。

人心理不健康、精神空虚产生的精神饥饿，将改变人自身思维状态和灵魂，失去正常人应有的交往能力，完全处于精神方面的病态。这种精神饥饿的人，看不到前方的希望和阳光，心灵痛苦折腾自己对生活的一切失去信心。对生活失去希望和信心的人，非正常状态会接踵而来：跳楼、卧轨、投河、服药自杀极易产生；心理不正常的人，对社会他人回避冷漠不愿交往；精神失常、孤僻、抑郁、自闭、想不开等陪伴自己过日子，让自己活在等于“没活”的世界里。另外一类人的精神饥饿是思维恶性膨胀、缺失正常人精神，脑思维不放在人性正道上，走上贪赃枉法之路。贪污受贿、抢劫犯罪、诈骗售假、贩毒吸毒嫖娼等无恶不作。精神缺失者、成天琢磨祸害他人和社会的恶毒计谋。即便得手后，又害怕暴露被抓捕的恐惧心理，永远搅乱内心日夜心神不安……许多罪犯在狱中“忏悔录”都回答了这一心理不安宁，备受精神折磨的事实。以上说明，精神不健全、精神饥饿的煎熬难忍。

世间，缺少物质的难民，虽逃荒要饭度日、饥饿难忍，但心态是平稳的。寻找食物的路子，无非向他人求助，向自然索取，没多少恐惧感，且存希望目标可奔。这种肉体饥饿的难受程度比精神饥饿的不良心理负荷要轻松得多。世界上真被饿死的人有限，而被精神压力自我摧垮的人太多太多。不是自杀折磨，就是致病招灾。人，只要理智尚在，精神不垮，便会用自己两手制造和取得食物。无路可走时，乞讨也能活下去。人毕竟出生时就两手空空，什么也没有。生路都是自己找的。物质饥饿人的感受虽痛苦，但走出痛苦的路子清晰，且不缺解决的渠道和办法。

物质饥饿者，只要精神正常，不怎么伤害他人和社会。别人施舍帮助与否，饥饿者一般不会去抢夺，因为其精神还在理智清醒范围内。精神饥饿者除自身痛苦外，失去与他人平行对等交往能力，不理智行为使他人厌烦；孤僻、冷漠让别人难以接近；一些超常规动作甚至让人害怕。受伤最大的是亲属挚友。精神饥饿让人觉得既可怜，又可邪，

甚至可恶。对物质饥饿者人群，社会容易对其伸出援手；对精神饥饿者，很难帮助进去，社会伸援手很难有效果。

物质饥饿者，可用智慧和勤劳双手改变自己，路子不难。让精神不健康的人转正轨很不容易。人是肉体与灵魂的结合体。现实中的人，特别注重一百来斤的肉体，用各种营养物质滋养着躯体成长；用多样方便、快捷、奢华条件创造着肉体的舒适，且盼望长命百岁。而对看不见，主导肉体的精神灵魂层面滋养抚慰，却不怎么上心、不那么太在意。误认为只要有健康躯体，随便背上一个灵魂即能立世。错？精神心态和灵魂是统领肉体，掌控人行为的司令部。精神健全、内在富有，不让精神饥饿，是人生命中不比物质饥饿次要的更大一件事。肉体发生饥饿，有限物质即可满足要求，过多，对本人无用，且生不带来，死不带走。人精神滋养提高，是无限的，大量的，永远的。对人来说，物质有满足的时候；精神填补却永远无满足的时候。只有这样，人才不会产生精神饥饿和人格缺失。人精神受到正能量文化滋养，人心态心灵会更优良。精神健康是克服精神饥饿的关键。

做好自己，世界就会给你让路

对人来说，自己是主体，世界属客观环境。主客观矛盾时，主观必须适应客观，而不是反过来。人不能要求环境必须适应自己。在一定时期内，环境难以改变是常态，可以改变的只能是自己本人。不愿从改变自己着手，一味企求环境改变，是不切实际的幻想。硬碰下去，将撞一鼻子灰，必以失败而告终。自然界和社会，主客观同时存在，是矛盾统一体的两个方面。一个人想做成功某件事，达到某目标，其实施行动的过程便是解决矛盾的过程。解决矛盾主要靠内因，而不是外因。内因是根本，外因是条件。外因只能通过内因而起作用。宇宙间一切事物发展规律都如此。人是复杂的生命体，被世间多重力量牵引，唯有改变自己，才能适应这个世界。年度高考，多少名牌理想大学和吸人眼球的专业，供数百上千万考生竞争选择、合理公平。有多少考生背后家长费钱花力，聘优质家教，上补习班，创各种优越条件，让孩子“吃小灶”，制造考试的良好外因。可入名牌理想的高校通知书，绝大部分还是寄到那些平时

自觉刻苦用功、平稳迎战，无须外力补课的孩子们手上。因为优质理想大学给靠内因发奋的考生们让了路。

做好自己，就是做好矛盾主体的一方。当今，现实很残酷，一切“成功”和“好结果”都在激烈的竞争中实现。成功、平平、失败三种结果落在谁头上，都正常，不可说“不公平”。人有美好理想欲望合理，然而光靠这个世界环境外因，帮忙有限。一些刚上道，或走累了疲乏，甚至发奋后仍不能得志的人，心生对环境不满，对外界和他人抱怨，产生愤愤不平。多数人迷惑在主客观位置因素的颠倒，把赌注下在外部环境的改变下，而未能将重心力量放在自身因素的努力上。由此而招致一些人碰了壁，翻了船，栽了跟头。古今中外及现实，又有多少成功人士，走过了路子与他的相反。立志办事能清醒分析到外环境的险恶和多变，力求改变自己，制定适于自己的实用战略规划而大获成功。82 岁女中医药专家屠呦呦，五十年前专心研究从青蒿中提取青蒿素药物治疗无其他药可治的虐疾病。反复研究，费尽周折，不惜以身试验、不弃不舍，直到成功。先后为中国和非洲挽救了两千多万身患疟疾者的生命。以屠呦呦为首的团队，没考虑其他，专心做好自己。五十年后的 2015 年被授予医药界诺贝尔大奖。屠呦呦做好了自己，世界便给她让了路。美微软总裁世界首富比尔盖茨，香港的亚洲首富李嘉诚，青岛海尔老总张瑞敏和中外杰出的科学家、艺术家、名人，现今改革开放浪潮中创业的成功人士，大多数在成功之前，都有一部艰辛的奋斗史，甚至血泪史。先做好自己，才有以后可能的成功。

做好自己，就是调整好心态，确立依靠自己为主的奋斗目标，认真评估分析外在环境，然后不屈不挠、艰辛付出、终会闯出一条路来。只要坚信自己目标正确，即使困难再大，阻力重重，也要勇往直前。光明的世界大门，通常在你付出努力之后就会打开。做好自己，世界就会给你让路，要害是抓住自身内在这一主要矛盾，其他方便矛盾容易解决，或叫迎刃而解。世界为你让路，并非世界的自然社会环境，人文关系改变，而是环境对上了你的思路，你的努力奋斗和调整，适应了环境。这时，办起事来容易得多。人要从自身做起，充实自己的知识、智慧、才干，有坚韧不拔的创业精神，就不愁环境险恶和多变。人自身做强大，即能以不变应万变。

世界险恶和多变是常态。人的擅长之处，就是认识环境、顺应环境、利用环境，掌握了环境变化规律，干起事来顺畅自如。人做好了自己，还能运用科学技术，适当改善某些外部小环境。如传统母鸡孵小鸡，今天用电温替代母鸡功能，用工厂化大量孵化出小鸡。人做好了自己，可增强拓宽认识世界自由度。人适应了环境，主客观更加吻合，顺应环境的范围更广阔，一条路走不通，再寻他路……这样的人，在世界造就的环境面前，通途多种多样。人们认识了自然和社会环境趋势和走向，不会逆向。如此理解，世界和环境就会给他们让路。

让世界为你让路，动力源泉是自身，关键靠自己。这是一条定理。

“争口气”的力量无穷

人的活动受精神心灵制约。心灵活动是摇摆不定、跳跃非凡、难以安宁的精神现象。人们相处是人的思想心灵通过语言来沟通交流，肢体碰撞却很少。人的观念各不相同，各自想法与环境对不上号普遍存在。人性是自我的，在乎自己、看重自己、容不得他人超越，都是自己的内心活动。人本能的“趋利”“自尊”及对“情感”“面子”的计较，时刻主宰着自己的心灵。人“高看”自己是习惯，但别人及环境未必买你的账。人性能赢不能输的“自尊”扎根很深。人在同他人的交往和比较中，落差一方往往能产生“争口气”的反击心理，用以找回“自尊”或“面子”。“争口气”即人的志气、意志、决心。人处逆风时，用积极方式调动自己“自尊心”难能可贵。人必要的自尊可从精神上激励人的士气。受士气鼓舞的人，能将激励起来的精神转化成物质。弱势或身处下风的人群，自己与他人有差距，可从精神不爽到“争口气”、发奋向上，产生精神变物质的动力。世界上，很多名人学者、科学家、艺术家，成才前，对比现实中的落差，产生的“争口气”，发奋立志而有所成。抗日战争时期，《义勇军进行曲》曲作者聂耳，目睹日军侵华，屠杀手无寸铁的国人同胞，看到大江南北，黄河儿女誓死捍卫疆土，抗击日军的义勇志士，体悟到全国儿女誓将日本鬼子赶出中国，人人都在争口气的坚定决心，一气写出气壮山河，鼓舞国人的《义勇军进行曲》。至今，国歌气势磅礴成为鼓舞华夏儿女和世界各地华人自豪感动的精神象征。英国著名天之学家斯蒂芬·霍金，16 岁患肌肉萎缩症、医生判定他还有 6 个月的生命。身体虽弱，志气不减、他发表用“争口气”的强大精神自尊力量，刻苦学习，潜心研究，至今生命已活至 75 岁的他，仍专心于剑桥大学研究天体物理，获得世界公认的成就。“争口气”在霍金身上取得了让人无法想象的事业成就和奇迹般的生命活力。群体行为的“争口气”能量，激发众人鼓舞士气，历史至今，“以弱胜强”“以小抗大”取胜实例太多太多。共产党用小米加步枪，依靠人民群众，坚持信仰力量“争口气”，三年内一举打垮正规武装 800 万的国民党军队，建立今天的人民共和国，让世人不可思议；20 世纪 50 年代初，一穷二白的新中国，在保家卫国，抗美援朝战场上，一举打败武装到牙齿的美国为首国际联军的战争胜利，迫使对方在朝鲜板门店签下停战协议。人民“争口气”的力量无穷。“争口气”是指为正义、为合理目标、健康理想而产生的强大精神动力，实际是“信仰”正义激起人们的“争口气”才有生命力。有生命力是事物发展方向、符合事物发展规律，

所以为正当事业“争口气”，事业成功的概率极大。相反，那些丑的、恶的、骗人的、坑人念头膨胀的人，往往也发誓“争口气”去干。结果等待这种人的是绳之以法。因为非正义的“争口气”，与社会前进发展规律相悖，必然失败。

人有“争口气”的立志，事业成功会在前方招手。这一精神力量，来自发奋者感知到“差距”“被迫”“不当弱势”的超越时刻。有了“争口气”的自尊，产生“不甘落后”，“不服输”的往前勇气。这种可贵的勇气，对个人事业成功，单位兴旺，国家民族振兴，有着强大的推动力。宇宙间同一平面上，同一时刻里，差距存在是客观现实。一切事物在不停发展变化中，往好、往坏两个方向都有可能。人们为事业成功，正当地“争口气”，符合事物向好的方向发展，取胜机会就特别大。一个人自暴自弃，随之任之，没有“争口气”精神，还未开始就准备失败，这种人终将一事无成。个人、群体、国家、民族，某时刻处落后，弱势，在所难免。这是事物发展中的客观现象。关键是变化在继续、发展不停止，如任其下去，可能坏上加坏、弱中更弱。“争口气”的精神动力，可鼓舞人斗志、会促进事物转化。正当的“争口气”必将推动一切向好的方向发展。事物由小到大，从弱到强的转化需要条件，这就是人的正能量的“争口气”精神动力。

万事万物变化永恒。变化方向受外界环境条件影响。“争口气”产生于人的上进心。对事物发展方向施加正面外在条件，事物会变大、变强、变好。外在条件不是私欲恶念膨胀，而是正当的“争口气”。“争口气”让人社会性强大，是精神文化对人的内在驱动力。孩子求学，家长叮咛：“争口气”；摔跤，失败了，家长再嘱咐：“争口气，爬起来！”这些朴素的话，让孩子获得“争口气”的精神力量支撑。真做到，孩子日后会成功。“争口气”是人们用“软实力”同“唯实力论”的较量。精神不倒，文化不灭，是最不可战胜的。人“争口气”，力量无穷。

岁月美好，在于它的必然流逝

人生岁月珍贵，因为它在不断地流逝。过去了，不再复回。若人生岁月处恒定状态，岁月之美也就不存在。

人们热衷于活在岁月里，期盼越长久越好；越快乐幸福越好；越丰富精彩越好。岁月即人生过着的日子，用自己的人生表演享受着宇宙自然赐予的时间和空间的活动自由；体验着社会繁华给予的享受和舒适；或经历着时间与空间的磨炼、痛苦，甚至悲惨凄凉。民间有句土话："能在世上挨，不在土中埋。"表明人们还把生活的岁月看作美好来对待，觉得活着还是一件极为向往的事情。

人出生是一趟最明确的旅行，人的死亡就是另一趟出发。活在时间的岁月里，是岁月中的经历制造着一个人的精彩与丰富。人成长以最初单纯幼稚到成熟老练，开朗豁达，是人性中的社会属性积累增强。人性表现越发成熟，与社会他人便更加协调、适应。成长是一种肉体、人性、人格的蜕变。成长过程中，失去的是陈旧，丢掉的是自己与社会格格不入的糟粕，得到的是新生，是健壮肉体和更加适应社会的健康人格。成长使人进入到与自然社会和谐状态。自然社会矛盾体由不平衡到平衡，继打破后，又进入下一个新平衡……人也随之进入新老平衡不断打破和重建之中。这便是人的成长过程。

时间冲淡一切。人生每个阶段，都会遇上苦难或不顺，但人们可在苦难不顺中挣扎、奋斗、等待……随着岁月流淌，状态定会改变。经历中的人不会原地踏步，状态如故。当然，生活状态失常，碰上恶劣环境，或人性不良者，可能老状态依然，甚至比往日更差。实际生活中，这是少数。时间是黄金，岁月最宝贵。岁月美好，是时光的流动，直线前行，永无回头路。获得岁月成果丰厚的人，定是他们用生命中的勤奋智慧和汗水换得。他们理所当然地享受着岁月中的美好；婚姻家庭温暖，物质满足舒适，精神娱乐欢畅，人际相处平衡……人间美景尽情享受。岁月时间公平流逝，不哄骗任何人；生活中的差异表现在于人，一辈子获得多寡在于每个人自身，遇上好环境叫“运气”。

平淡的生活，每天都要过，其中包含着精彩。人们用肉体感观触碰这丰富多彩的物质世界，用思维感悟着这个星球的万物。宇宙间，人们享受着阳光、空气、山川、大地、河流、海洋、草木花卉、飞虫鸟兽的美好恩赐；利用自然界丰厚的物质资源；享受人类加工制造的各类物品；饱赏人际间和睦相处的情感与爱……这就是人过着的美好岁月，岁月极美。岁月是时光的流淌，人们珍惜岁月，万分必要。因为人生每往前走一步，须以此前走出的一步失去为代价。

人生过程中的少年期，无忧无虑，纯真无邪，肉体如花似玉，处处惹人喜爱。喜爱的原因是这一段时光太短暂。设想一个永远长不大的少年，即便再美，时间长了，也就享受不到被人的喜爱。因为人有“猎奇”的特性，有找“新鲜”的索求，越易流逝的越被人喜爱，正建立在这一变化之上。自然社会中的一切变化，改变旧状态，诞生新状态，正符合人性“猎奇”的特性，寻找“新鲜感”的口味。

凝固失去美，凝固会僵化。人购买一件称心如意的物品，好奇的新鲜感就热那么一阵子；美味食品连天吃，必厌倦乏味；家住景区边，天天看，就那么回事……世间的确是好景不长在，好花不常开。奇怪的是，白开水、面馍、白米饭、蔬菜等食物是久吃不厌。原因：它们是中性而平和的。宇宙中的自然万物，平衡中和是永恒。极端美味总是暂时。真实中的生活状态，平平淡淡才是真。虽然原有平衡总被自然规律打破，但最终还是被新的平衡替代。凝固状态不是事物的合理平衡，是事物暂时不变的僵化状态。实际中它并不存在，只是一种老旧状态呈现出的假象。僵化受人讨厌，物品老一套、人的思维老一套、僵化，不受人欢迎。事物不断发展再平衡才有生命力，正适合人的需求。人在时光里生存，也是在事物矛盾发展和再平衡中度过，消耗的是时间，无时间概念、宇宙可能消亡，人类也可能不复存在。

生活美好，岁月神圣。正因为它是时光的流逝。时光流逝充斥宇宙中的一切。但是人的心灵应不受约束。孩子和老人的心灵，比其他阶段人生更自由，因为年少天真，看世界总是美的；老人把世界人生悟透，看穿。天真和悟透，让这两群人心灵更轻松自在。

人有“喜新厌旧，推陈出新”的嗜好。珍惜美好岁月，正在于它不紧不慢地消逝。

自我评价高低与认识世界的宽度成反向

一个未曾涉世的幼儿，能把自己当作世界上的唯一。周围人要让着我，我要什么，做什么，身边人就得给我办。这就是尚未认识世界的人，对自我评价最高的人性本能表现。人经过少年、青年、成年、老年，逐步成长到最后，受到知识教育、实践摔打、社会人文交往的过程锤炼，对现实世界、人生认识必有领悟和提高。纷繁缭乱的世界和人类社会的丰富知识，不断填补人的大脑思维，装进人无限大的心胸。此时，山外有山、天外有天、人外有人的自觉感知不断得到确信，人从自我原先感知的“高大”逐步走向“矮化”。懂得越少的人越无知，越无知越感觉自我“良好”。那种“老子天下第一”“唯我是才”“唯我独尊”的狂妄心态，容易在一些自认为“怀才不遇”的人身上滋生。某些场合，肚子内“货”越不足的人越孤傲，“满瓶不晃半瓶晃”便是说这类人。无知的人不承认自己无知；一知半解的人，更认为自己什么都懂。反之，那些处处虚心之人，必是通过自身不断学习和丰富的实践经历，重新感悟到宇宙之大、世界之广阔、人才之济济；宇宙、社会间的事物存在和变化，广度深度没有穷尽……即便自己掌握了点知识，同偌大而复杂的世界比，自己又算个啥？微不足道。这类人对自身评价放得很低。成熟的人，见多识广，阅历丰富，心态反而更平静沉稳。宇宙之大，大到无边；世界复杂，永探不到底。人生在世，不过沧海一粟，宇宙间一粒尘埃。

人性喜欢在攀比中寻找自我。单体人同客观世界是一对主客观矛盾。一端自我，一端客观世界。看不到世界大的人，必认为自己是世界最大；看到了世界庞大无比，自发会小觑自己。人性的“自私”“自我”“自命不凡”的弱点，潜伏在自身与他人相处的环境里。矮化了他人，便可获得本人“自命不凡”的满足感。许多人终生都在和他人的比较中过日子。有明的，也有暗的。尤其习惯同身边人、熟悉人比较，如亲属、同事、邻居、同学等相比。比赢了，自我感觉得意；输了，心情不爽。与熟悉及有关联人比较，总想活得比这些人优越、风光，在攀比中找洋洋得意的自我感觉。贬低别人，抬高自己；总想胜过别人、压倒别人一筹的人，是过分拔高个体同世界矛盾体中自我主观一方造成的。

人内在富有强大，不是拥有有形物的多少，或是武力如何超群。内在富有指人的知识丰富、智慧敏锐、经验技能娴熟，且有高尚德行。这种人，对内在追求永不满足。在探求认识世界广度和深度里，孜孜不倦、追求不止；在社会人文领域，看到人人都有比自己高的长处。人对世界、

社会认识的宽度增加，心里必然宽广大度。这种人包容心强，能容忍一切。心胸装着丰厚的世界知识；心地容纳下除己之外的世间他人，才是真正的内心富有、心胸广大。如此心胸的人，反过来，又可不断挖掘自身的人性弱点，能发觉自身有无限个不足。心胸开阔的人，感恩这个宇宙自然世界的宏伟、奥妙、深远、无穷……感恩地球上人类创造物质和文化的丰富多彩。内心富有的人，眼光常常盯在他人的优美和长处上。这种人带着善良感恩的心，看到外部世界和他人的宏大和美好，越发感到自身渺小和微不足道，更看到自身众多人性弱点和缺憾。将自己身价放低的人，总觉得世间人群中，“三人行，必有我师”。于是待人自然谦逊随和，受人尊重。相反，一些不学无术、视野短浅的“井底之蛙”们，悟不出世界之大和无限美好；体验不到人类超群本领和高尚之德。他们只停留在看他人都“不完美”的观点里。这种人评价自我是“绝对”高大。即便别人为他而可笑，他仍然躺在“沾沾自喜，自以为是”的深井底下，过着自欺欺人的日子。

人对自我评价低，看世界的宽度广阔；对自我评价“高”，看世界只是碟子大的天。这两种人正好成反向。

“忍耐力”大小源于自身修养

一样的烦恼痛苦，出现在不同人身上，各自感受会不同。“忍耐力”或“承受力”大的人，痛苦感受小；反之，痛苦感受大。“忍耐力”是生理耐受能力和心理承受力的综合。“忍耐力”的承受，对每个人一辈子烦恼痛苦加重或减轻有直接影响。它关系到人幸福和痛苦感受的轻重。古人说：“人生痛苦十之八九。”“忍耐力”高的人，感受小于“八九”；“忍耐力”差的人，感受的痛苦将大于“八九”。

“忍耐力”是人对沉重痛苦袭来时，心理和肉体承载力度。是当事者内心的感觉、体验，外人不容易看透。“忍耐力”只能在痛苦磨炼中增大和提高，在没完没了的人生经历中增强；在不断学习和感悟，认清事物现象背后的本质中领教提升。这个世界不是懒人的世界。人要活得丰富精彩一些，必须用智慧和勤劳向自然和社会索取，因为物质资料没有白送；精神文化娱乐享受不会白来；自然，社会环境险恶随时遇到；始料不及的天灾人祸可能会突然降临……为此，舍身吃苦，拼搏苦练，心地坚韧的人，才能

勇于闯过一座又一座难关，获得生活需求。这时人的“忍耐力”尤其重要。否则，稍遇苦难，畏缩不前，定将成为生活中的失败者。人类辛苦，天生注定。人生不易，指赤手空拳的人出生，为谋生必定打拼一辈子。人适应能力的打拼，唯有付出劳力、汗水、心智等多方面体力、脑力。坚忍不拔的意志靠强大的“忍耐力”。如此，才能成为生活的赢家。体力的痛苦难熬，心力的憔悴，还要继续往前行，靠什么？只有“忍耐力”才是战胜苦难的强劲动力。

客观现实注定痛苦烦恼袭来，人躲不过也绕不开。或说这就是人的“命”。痛苦是人的“命中注定”。所谓直面人生，实为直面人生的痛苦。西方人信天主耶稣宗教要义是：人生下来就是罪孽、痛苦。活着的人终生要在上帝面前洗礼、忏悔；东方人信佛教，相信人生下来经历“九九八十一难”才能下辈子超度超生。既然人生面临痛苦躲不过，那就得坦然接受。人对待痛苦烦恼承受力大小，就是人的“忍耐力”大小。

人生游弋在痛苦、平淡、快乐三者之间。多数人平淡为多，痛苦不少，快乐有限。让人难受的是痛苦；给人兴奋的是快乐；使人坦然的是平淡。三者感受与一个人心理、心态、心情、心境、心胸有极大关联。它反映一个人自我修养水平。修养是一个人理智的多少，心胸的宽窄，心境的开闭，心态的起伏，心情的好坏。人肉体受精神引领，行为被人性掌控。人肉体被精神境界牵拉，精神境界是人心灵活动体现。心境广阔还能把大事看成小事，平常事当成“不得了”的事。世间事态大小可由本人心态定。如人生中难免的生病住院、打针吃药、手术化疗等肉体痛苦面临时，心宽人想：谁不生病？人生老病死是常态，忍受治疗之苦是积极应对。于是，将那些打针吃药开刀化疗当成小事一桩。此时，治疗中疼痛在这种人身上必然小得多。因为他有很强的“忍耐力”。这一“忍耐力”源于心态。反之，心胸狭小人往往想，病魔来了当作大难临头，为什么非降我身上？有末日不远的感觉，面对打针、开刀、化疗等如临大敌，恐惧惊慌。把通常治疗中小事当大事，变小痛苦为大痛苦。这种人“忍耐力”被自己恶劣心境打垮，感受痛苦的承受力很弱。同样的治疗，在前者，能将痛苦当“必然”，减少了恐惧感，一切当作正常，应对自如；后者将痛苦当“偶然”，为什么痛苦非找上我？怨天尤人，应对惊慌失措。一般结果：前者病愈快；后者治疗效果差。

人生不顺是常事。许多人在生活和事业中，逆境来临产生紧张、恐惧、丧气、怨恨……这种人易失去跌倒爬起来的勇气，放大苦难，“忍耐力”便差。另一些人面对逆境来临，积极应对，信心不减，吸取教训，从头再来，其应对痛苦“忍耐力”一定很强。这种人能将坏事转化成好事。坚强心态支撑着他。前一种人被自己不健康心态打倒。

心态端正，还可将生活中的平淡，转换成快乐、幸福，这是成功的人生。心态端正重在人自身修养。人生心态心胸开阔，需多学习，反复实践。从人类先进文化中学、从自然中学、从社会中学。知识面拓宽，会自觉感悟世界、

感悟人生、看透事物本质、认清事物发展的必然，心态就自然平稳。修养提高，静观世界，自己不过沧海中一粟。缩小自己，位置身价放低，应对痛苦烦恼的“忍耐力”便越强。

万事有必然，看你如何下手

这是人生较难做的命题。许多时候，“开弓没有回头箭”。人生一辈子活在选择中，人生时光在选择、等待、行动中流淌。人在生存生活过程里，随时随地能被万事万物中的某项碰上，好事坏事、大事小事、缓事急事、明事暗事、分内事、分外事……都得由你选择处理。“选择”通常是人生“下手”的首道程序。可见，人生与“选择”关系密切。选择目的和意义，无非求个“准头”，准确是选择的关键。选择了目标，下一步行事或等待才有意义。选错了，一切将翻船，结果无收获，甚至栽跟头。

事物发生发展有其内在规律。人们处理事和物关系时，如何下手，是最主要的决策判断。万事乱如麻、轻重缓急顺序不明显；好事坏事性质难理清……一切堆放眼前，下手目标在何处？是人最头疼的时刻。世间事物存在以现象出现，其内在矛盾性质由其矛盾主要方面规定，事物发展趋势由矛盾性质和促其发展的外部条件决定，这就是事物的必然。人下手时，必先弄清事物原委，再做评估、判断。

弄清事物原委，就是调查研究，熟悉情况。了解过去，掌握现在，分析周边环境，再预测未来。评估了解该事物内部矛盾的有利和困难面，即对下手后的天时、地利、人和等多方面实事求是分析、判断、策划。如此，才算是较有“准头”的“下手”。下手准，解决事物发展会顺其内在规律，自然而然地向有利方向发展。结果，容易心想事成。

事物以现象存在，发展趋势隐蔽含蓄。趋势是本质，是发展的方向。本质抓不住，方向会选错，实施时，将事与愿违，铸成大错。本质抓对，方向不会错。实施时容易成功。对万事万物下手靠的是人。判断准确，下手方向对头属智者，是知识、经验丰富和办事认真的人。错选方向必碰钉子，正是不学无术、缺乏认真、爱玩投机的那类人。后者“下手”选错，还常怨天怨地，怪上帝不公平。机会和运气爱遇上办事务实和智慧的人。老天公平与否，实为智者同愚者人品智商的差距。选择事物大到国家方针路线；中到企业集团上项目，选产业方向；小到家庭办大事，个人选职业，填报志愿，择偶，个人养生保健，求医问药，等等，日常生活中一切都在选择中完成。“众里选优”“优中选更”“两害选轻”都是人下手选择的通常经验。自然社会带给人机遇大体公平，但同一环境中，每人的活法、境遇和结果，却不尽相同。许多原因是人对随机出现或发生的事物判断有差异。一样事件发生不同人身上，往往结果很不一样，就是各人下手“不准”或实施不当造成的。

选择判断靠知识智慧。同样环境下，人要结合自身适应环境的特长，解剖自己什么最适合你。只想选好、拣大、攀高去下手，弄不好适得其反、事与愿违。这就是相同事物降临不同人头上，有人办好，有人办糟的原因。“不实事求是”便下手，是失败的必然。认识了事物发展的必然，便抓住发展的方向。看透事物的内核，是不容易的事。人要多学习、多实践、多体悟，才能增强识辨事物的能力。把握住事物内在发展机理后下手，可产生“四两拨千斤”的神奇效应。

“下手”是选择，“下手”是行动。“下手”适当，对事物发展结果非常重要。看准了的路子选对后，下手要果断。贻误战机，即便选准的事，也要落空。不做行动的矮子，一旦选准，果断实施。选择要准，实施要狠，也是最佳的“下手”。只要路子选对头，执行中未看到“立竿见影”的效果，也要相信自己，坚持到底。最终，赢家将属于你。执行力度强，同样是最好的“下手”。对事物“下手”，充斥发展全过程。选择前的研判、预测、实施中的坚持力度，都是“下手”。认清事物本质后，下手准确，实施得力，全在于智慧、勤奋、诚实人的掌控。看清了万事的必然，该“下手”时便“下手”。

人与环境不协调引来痛苦

从宇宙自然来说，人和其他物种一样，都是地球附属物。虽然人类是独有智慧动物，但也和其他生物一样，存在与否，对宇宙自然影响不大。人类诞生前的地球也照样按自己方式存在亿万年。所以，先有宇宙自然大环境，才诞生出众多物种及人类。环境对人的生存十分重要，人离不开环境；而人类的有无，对环境来说却无所谓。环境可以没有人类，而人类少不了环境。

人们与环境既协调又相互排斥，人性需求欲望往往同自然和社会环境的存在运行不协调，招致自身痛苦。人生存发展离不开大自然资源和环境眷顾，同时地球对人类生存发展规模的容量有限，人需求膨胀对自然资源破坏成必然。西班牙刊物《地球生命力》报告中指出：人类每年都在消耗大量自然资源，目前需要的自然资源，需由 1.6 个地球来提供。按这一趋势，到 2020 年，将需要 1.75 个地球；到 2050 年，需要 2.5 个地球。而这种发展是不可持续的。文中还指出，人类对地球生存承载力逐年增长，一些人均消耗资源大的国家更甚。人均生态痕迹逐年增加，如世界上每个人生态痕迹都如卢森堡，需 9 个地球；如美国需 4.6 个地球。人类如此快速消耗大自然资源，破坏着大自然平衡和优美环境，最终招致痛苦祸害的必是人类自身。现代科技快速发展，文明程度提高，可自然资源却常遭不幸。究其原因：人性需求欲望同宇宙自然平衡运转的内在要求不协调、不一致造成。二者关系中，人是主动的，被糟蹋的自然界是被动地承受。人类欲望驱动的主动进攻和打扰，自然环境难以招架。实质是人类在伤害着自己。本该和谐相处的人和自然，因“平衡”被破坏，为人自身引来痛苦。

宇宙自然在时刻运行中，为其生成的各类物种，包括人类，提供着适应、生存、生长的有利条件；同时规定着物种之间相互依存、弱肉强食、自生自灭的生存法则，也就是宇宙生存法则。人遵从自然发展规律是大道理，是宇宙自然运行的内在要求，相互依存，平衡相处，谁也撼它不动的。人类从动物层面脱颖出来后，与动物最大区别是人有高级思维活动，是有灵性智慧的物种。人有回忆过去，预测未来的功能，有区别是非对错的本领。照理，人是可以理性地活在这一地球上。该做什么，不该做什么，什么是对，什么是错，人有这个判断能力的。但人自身难以做到，源于人性的难控。

自然环境不会说话，也无很强的自卫能力。任人类侵犯破坏，也只能以无声退缩了事。有主动活动能力的人，是检讨自身行为的时候了。人们容易较劲更多在社会环境。

每人自己是主体，社会及他人都是客体。自己看外界和他人不习惯、不顺眼，外界存在不合意时，产生较劲不协调的事例太多。社会繁花缭乱，复杂多样；众人表现各异，习惯无常，有多少可合己意？太少。而与之对不上号的都很多，这就是环境。何况，自己行为在他人眼里也未必合意。自己是主体，对他人是客体，便是他人的环境。社会制度管理发生的各种现象都是客观环境。这种大环境无法适应每个人口味和兴趣，永远达不到。人和环境较劲，不与环境协调，不满意和怨恨情绪随即产生；若产生对抗，受伤的必是自己。人生痛苦多为与环境不协调，不能顺应环境而来。

人与环境平衡相处，必须制约自身欲望与贪婪。人性欲望是“无底洞”，自己也不知晓何时有个头。人遇事要“适可而止”，理性对待，才是顺应环境，善待自己。人生命关键是身心愉悦，自由自在。顺着人性欲望走，必与环境相对抗，痛苦一定是本人。有理性智慧的人类，应从人类文明文化中提升自己，想什么，做什么，应有个“度”。什么都在“无限”追求中行事，必伤害自然和社会大环境。人与环境平衡协调、便减少自身痛苦。

市场瞄准人的"猎奇""炫耀"心理逐利

产品经济时代，社会生产目的是满足人们物质需求，产品以经久耐用为出发点。在经济欠发达，商品短缺国家，它是维持人民生活安定的必须。这种时代，无须做商品推销广告，商品供不应求，产品脱销是常态。社会经济总要向前发展，市场经济模式引进，代替了产品经济，原先简单的生产目的，由供给型转向利益追求型。获利成商品生产者唯一目的。企业经营由单一生产型过渡到资本经营型，商品经营者获利胃口放大，几乎达到永远填不饱的程度。市场竞争激烈，行业之间倾轧，一些企业破产重组不断发生。世界跨国公司商业巨头，就是靠市场社会这一生产目的发家的。

商业生产者以赢利为目的是其天性。设计商品的动机，大不同于产品经济时代，为顾客适用性和经久耐用着想，而是以消费者物质需求和精神满足，追逐消费者的"新、奇、特"和"炫耀"心理而设计。商业生产者们把心思重点放在捕捉、探求、追逐顾客五花八门的消费动机上。目的，

达到利润最大化。

人的消费心理受人性支配，人性弱点之一是“猎奇”“炫耀”。“好奇”“与别人不一样”“唯我独有而别人无”，这种“独树一帜”的心理，让自己获得开心满足。这种心理年轻人更盛，女性较多，小孩中更普遍……人性张扬，在同他人攀比中寻找快乐，是人通常的追求。人的“炫耀”心理在同他人攀比中得到满足；“洋洋得意”的美感，让人获得短暂的兴奋自豪。人买到“与众不同”“唯我独有”的商品，且不自禁的喜悦让人甜美兴奋。聪明的商家，看穿了这一点，便煞费苦心地瞄准消费者追逐“新奇特”心理，设计策划对口味的新产品。将商品使用价值的适用、耐用、物美价廉等降到次位。设计商品的目的动机变化，花样繁多的促销手段势必跟上。鲜艳、亮丽、奇特的商品形象广告随处张贴；半真半假的广告词在屏幕上喊叫；极端虚幻的动漫插图被用作铺垫，外加简单便捷的屏幕扫描点击，快速送货上门的方便服务。如此，爱“炫耀”，追逐“猎奇”，崇尚“新奇特”的消费者，很难不中招。

具有“新奇特”的同一商品，在全球商品一体化中，生命力短促。因为商品生产企业，看到某种商品获利大，必用超级模仿手段，快速生产出来。逼得原商家再次更新产品上市，原“新奇特”又转换成老旧产品。这种不断的市场商品老旧循环更新出炉，正是当今全球市场一体化的特点。

人性追求商品“新奇特”，商家围绕顾客这一心理逐利，推动商品生产飞跃发展。世界市场商品过剩，寻找新市场是各国寻求贸易顺差的主流倾向。今天，商家瞄准人性精神心理需求，将商品物性特征放次要。人性这一心理特征，帮了商家大忙。人性“炫耀”心理无限，没有底线。人的无限追逐“新奇特”心理，成了商品生产者无穷追逐利润的瞄准目标。商品设计重点放在款式、造型、使用特色等花样翻新上，更注重人性化、个性化，对商品本身使用寿命、质量等少有关注。商品属性围绕人转没有错，但围绕人的“虚荣心”转，真正的商品自身品味和本能价值属性已很难体现出来。

创新无止境，是人类对商品的正当要求。商品的推陈出新，以满足各类人群需求，是商品生产者逐利的希望点。但有一点必须认清：人类数千年来固有的基本人性特点，未怎么变化，至少变化得很慢很慢。市场上商品琳琅满目、令人眼花缭乱是正常的，关键是人对待商品的态度。西方哲学家苏格拉底来到商场说道：“这里摆放着那么多我不需要的商品。”人生需求有限，人是这一世界主宰，只可让商品围绕人转，而不是人跟着商品转。选择适用需要是正当。购进使用价值小的商品，是人在物面前的悲哀；跟风、炫耀、满足虚荣心，对支付能力强者，也无大碍，人性自由，而对腰包寒酸者的赶时髦，却要掂量掂量。真正让人富有的是精神内在。商品大潮中，人们应勇敢地喊出：哪些商品是我需要的，哪些不是我需要的；哪些服务是我需要，哪些是多余的。这才是人对物意志的主宰！

人的相互“吸引”“排斥”规律谈

人是独立的人，更是社会人。人际相处，有奇特的自发“吸引”和“排他”现象。西方人研究：不熟悉人站一起，距离小于1.5米时，产生排斥感觉。单个人之间，个人与群体，群体与群体之间，直至单位、国家、民族，都存在吸引和排斥现象。异性相吸、同性相斥，是人原始生物属性的本能表现。人的性格、爱好、情感、利益、血缘、精神信仰等因素，产生喜爱和厌恶、自发形成类聚和排他现象。比较大的吸引诱因是利益、血缘、信仰和性格爱好。利益关系一致的人，易走到一起，人跟着利益动，利益产生吸引原动力。企业、单位、团体组成的利益集团，都是紧密的人群结合体；利益相近国家容易结成利益同盟。利益是讲实际的，利益在，同盟在；利益丢，同盟散。血缘是人类最紧密的吸引力，男女吸引结合，保证了人类的延续。亲情是血缘关系的延伸，血缘关系近和远，拉紧着吸引力度大小。最近的血缘关系，筑牢了家庭、亲人关系不可分割。家庭是人类最紧密、最基本的组成单位；父母子女为人间第一情。血缘吸引冲破理性是非、原则，是人类保留生物属性最集中的地方。个人间吸引，兴趣相投，爱好相似，是吸引力基础。喝酒喝出朋友称“酒友”；打牌打成友谊叫“牌友”；上网交友成“网友”，仗义侠胆之人结成“义邦”之友……负面的打家劫舍，同类人可坐山成匪，拦道抢劫；诈骗钱财的人，也能相互结成抢窃团伙、诈骗集团。信仰相同的人走到一起，组成政党、教派，形成团团伙伙的团体派别。国家间政治信仰相同，意识形态一致，自发走到一起结盟，如二战后世界两大阵营形成；现今，以经济实力、军事强弱划分的“三个世界”，都是国家间帮派吸引。意识形态一致的国家走得近，甚至联合起来对付不同政见国家，用“颜色革命”推销所谓“民主”，但碰钉子不少。因为各国有各自的不同国情和民族习惯。以上都是人类因多种原因产生的各自吸引及排斥规律。

无血缘关系，不在一个利益链条上，或精神信仰相左的个人、集团、国家、党派之间，易产生排斥。非血缘系统，非亲朋好友，难以形成像“圈子内”关系的吸引力。一旦利益或情感纠结发生，相互排斥打压现象在所难免。血缘系统内也会因情感利益纠纷互相攻击，这是亲情间走极端时才出现，亲情间一般还以“忍让”为多。非亲情关系外，忍让较少。精神信仰一致、兴趣爱好相投的人，易融到一起。即“道不同，不足为谋”。“道”相同的人，信仰一致，爱好相似，易走到一起，但正负能量都有发生。正面信仰、进步党派、宗教人士结合，对社会稳定和谐有利；反之，

违背社会，人行恶时、结伙的破坏力更大。世界上信仰各异的国家、民族间，党派、宗教间长期恶斗的不在少数。人性相斥有五花八门的理由。人的好恶习惯，产生吸引排斥；看对方顺眼，好感即生，吸引力便来；瞅对方不顺眼，排斥心理立即产生。

最原始人类生物属性的吸引排斥很有趣，也特别强劲。“男女搭配，工作不累”，指异性相吸；同性别间，年龄相仿者，易生嫉妒、排斥；年龄大的长者，对孩子易产生吸引，爷爷奶奶辈喜爱孙辈是天性；异性相吸在幼儿孩童阶段不明显，生理成熟后，男女相吸非常敏感，直至恋爱，结夫妻，成家立业，繁衍后代；社会上将儿媳与婆婆比成“天敌”，是同性别内的特殊现象。产生原因是婆婆太疼爱儿子，总怕儿子吃亏，或是婆婆追求人性“完美”所致。人到老年，异性相吸淡化，受性功能退化影响。

人的相互吸引、排斥规律，运用好，产生正能量；引导不好，产生强大破坏力。人类吸引排斥规律受人的原始生物和后天社会属性双重因素影响，规律自然产生，也很牢固。人类能利用这一规律增大正面能量的吸引，减少排斥的破坏力。自然界物体相处对应平衡，人类更适宜平衡。人是宇宙产物，应和谐相处；同物种人类应是一家；共同利害关系是人类统一目标，统一维护自然洁净，社会安宁。人类因排斥带来的恶斗，要用正义和非正义尺子衡量，若后者，要抵制阻止。虽有些理想化，但排斥带来的人类危害，应该减少。

“剪不断、理还乱”的人性情感纠结

南宋著名女词人李清照用“剪不断，理还乱”的名句，抒发内心因战乱亲人离别后情感纠结与悲凉，带有爱国爱家情怀。“剪不断，理还乱”虽指特定环境下人的内心纠结，但广大人群中，不少有过这六字体验。人对某件事，某个人深度思念时，产生越想越放不下的矛盾心理现象。人在思念的烦恼纠缠中很伤人。于是想“一刀剪断，一了百了”。但难度太大，越想了断的东西，却越难了断，甚至思念与纠葛更乱……人的心念不同于物质，物被抛弃后，剪断后，变成“无”或废品，了断较容易。而人的心绪，心念却是“抽刀断水水更流”，越发想尽快解决烦心事，往往越发不能。大脑梳理着心中挂念的某件事，一人独处时，弄不好越思越乱、越想越烦。这就是“剪不断，理还乱”的心理活动本意。

产生这一现象原因，来自人性反复无常，自相矛盾本性。想这又想那，思绪连篇；“鱼和熊掌兼得”，谁都有过。人大脑的设想和猜忌功能，可将简单的事，变成复杂的事；

人独有的“记忆”与“反悔”特性，可让自己思维“进一步，又退回”的反复折腾，增添“理还乱”的力度。有些满脸堆着笑的人，外表看似轻松，其实内心正饱受“想解除烦恼，却又欲罢不能”的痛苦无奈中。人就是如此怪物，而动物界是不具备的。人制造快乐不易，而烦恼却能自然袭来。不想要的东西，有时偏来，挡也挡不住；而一心想要的东西，往往异常难得。人常说：“学坏容易学好难。”毁掉一个家庭，破坏一件物品，坏一件事都很容易；而适应一个家庭，制造新物品，成全一件事却比较难。世间人，反面的不用教，自然会；正面的，学一点都不容易。破坏一个世界容易，建立一个世界很难。这是自然界人类的“破易立难”法则。是人类建立美好社会关系的最大难点。

人情感受心情心态支配，情感是人生物属性的反应，它无规律可言，随机爆发，它是表象而自然流露。人心情即使平静，偶遇外界不合宜环境，可一触即发。人的情感伤人还是喜人，受本人当即心态正负能量制约。美好的心境、触碰外界环境的人和事时，容易露出愉快和谐情感；带恶劣心境的人，遇上外界同样环境的人和事，有时会爆出愤怒和伤人的情感现象。人的生物属性是遗传、自发的。情感不讲理性，只为暂时的激动或解气、发泄或感慨、歌颂或抒发……无规律可言。人性由先天生物属性和后天补进的社会属性构成。前者属本能、自发，用不着教和学；后者则用自身付出勤学苦练并感悟，才可取得。社会属性强大，更能融入社会。

活在社会里的人，逃避不了亲情关系的交往。客观存在的人、事、物无时不与你主观产生矛盾依存和对立关系。若将这些都装入自己脑子里，舍不得丢弃，人将包袱沉重、痛苦不堪，当然也无必要。外在与你交往的人、事、物，有让你喜欢的，也有使你烦恼和嫌弃的，更有与你无关的，这些都属正常。这些现象发生，无论正面或反面，储存在你大脑中的印象，都为暂时存在，不变或久留都很难。人性操控着主观：总想留住好的、美的、善的；舍弃假的、恶的、丑的。事物永无久驻的变化，产生人情愿与不情愿的情绪，干扰人的主观心态。想留的，偏要走；不想要的，扔不掉。无法让人心想如愿。外界变化与主观设想的矛盾交织，永远让人心态平和安定不下来，这便是“剪不断，理还乱”的心理情感纠结。

多学正面的东西，让自己内在富有；理性认清事物本质，看穿事物背面；认清自身对情感认知的浅薄和可笑，矮化自身存在。宇宙间、社会内，我又算个啥？人心胸宽阔了，该舍弃的会自然舍弃，需放下的，自觉放下。人性正面强，负面便弱；反之，负面强盛，正面将弱小。若此，会轻松变“剪不断，理还乱”为“能剪断，再不乱”。山西佛教圣地五台山文殊院一副对联写得好：见了便做，做了便了，了了便了了。

人的社会性产生民主需求

人是单个的，又是群体的；是独立的，又是社会的。单个人自己支配自己，无须民主。人有生物和社会属性的双重人性，人的生理和精神需求获得，离不开在社会中索取。为此，社会交往成必然。群体的人群组合，产生管理。社会大大小小，分层分块的管理方式，未必适应众多人群口味。七嘴八舌的建议、众说纷纭的议论油然而生，每个人都希望自己意愿得到尊重。管理者少数人说了算的管理方法，常与群体意见的多数人相矛盾，于是抵制独断专行的民主愿望自然产生。管理者对群体意见尊重和采纳程度就是民主。人参与社会活动的属性产生民主要求。兑现民主要求的权力在管理层在领导。群众与领导矛盾，应该说是永恒的。

人性不同决定人性格、习惯、价值观念差异；每个人智商、体力差别决定各自付出和收获多少不一；人认知、智慧、修养程度的多样，形成人群间各种不同意见、建议……这些难以统一的意见、建议，势必给单位管理上层带来决策难度。为此，掌握民主分寸，把握民主尺度，形成统一意见，是个复杂而伤神的事，也是考验领导者人格水平和决策能力的一把尺子。民主的对立面是集中。合理科学的集中，是领导层的水平能力反应，又是组织者个人德行的体现。

历史上民众起义推翻集权的封建王朝后，资本主义，社会主义民主制度相继产生。民主威力巨大，足以撼动封建王朝制度。人类最初原始农耕社会，生产方式简陋，向自然获取一点，消费一点，无剩余生产资料分配，不需要民主。奴隶社会私有制产生，剩余生产资料集中到少数奴隶主手中，奴隶与奴隶主对立。主人是所有者，人数少；奴隶是生产者，被压迫者，但人数多。由于先进社会文化还未产生，只能靠少数奴隶主对多数奴隶血腥的管理方式，下层无民主可言。封建社会皇帝及上层，靠武力集中统一全国百姓，国家组织形式严密，且用愚民化征服人心。皇帝封自己为天意代表象征，让下层百姓在人身管制和精神束缚上长期顺受……皇帝老子金口玉言，下层民众不敢有民主。

历史车轮阻挡不住人民群众民主的洪流。社会生产力发展，科学技术进步，人类思维、觉悟、知识、智慧也随之清醒提高。群众的愚昧，忠君思想开始改变，尤其改革派少数人群中，民主思想萌芽随之出现。农民起义是自发民主走向武装斗争一种形式。集中和民主不平衡矛盾，必产生农民起义、造反，直至推翻封建王朝独裁统治。其间封建社会中上层士大夫阶层里一批进步人士出现，他们用自己的头脑洞察社会，纷纷写出替正义、民主说话，为民

做主等先进思想理论文章、书籍，直至为民说话向上陈述的制度条文，清末孙中山先生等就是如此。进步文化影响加上民不聊生的农民觉醒，世界上的旧制度一一被推翻，资本主义、社会主义等民主制度国家先后建立。这一过程实质，是“民主”对“集权”宣战，是“民主”的胜利。

民主社会制度相对集权社会是一大进步，彰显了民主的力量。于是民主口号又被各类人群标榜和利用。当今世界，对“民主”理解利用五花八门，什么是最合理的，各有论述。从哲学观点看，民主和集中是一对矛盾。没有民主就没有集中，无集中也就无民主。没有集中的民主是泛民主，纯粹民主，一盘散沙的民主，对立的矛盾体就不存在，无法平衡。西方一些国家的议会选举形式，实则是有钱人、财团利益代表的民主，广大中下层民众利益得不到真正的民主保障。中国特色社会主义民主制度，关键看代表谁的利益，因为它始终将脱贫、大多数人小康富裕放首位。应该说，这一协商的民主制度是合适的。既不是上面说了算，也不是全由下面说了算。这体现了“集中”和“民主”的平衡，有生命力。世界上每个国家有自己的不同国情，适合了本国国情，就是合理的民主。用一种“颜色”强推，未免太武断。

毛泽东说过：民主是多数人的民主。一个国家，能代表多数人利益的民主，就是好民主制度。民主不在于喊口号，靠舆论工具煽动。多数人利益还应理解为近期和长远，局部和整体的综合评判，不可将做“群众尾巴”就叫“民主”。

这是高层管理者的智慧之处。合理的“集中”不能说“独断”。二者统一，以大多数人利益为根本，才合理。

人性有善恶两面。以善意发出的民主，应该是对的。当然能否采纳，还要看管理者全面平衡的条件，条件不成熟，即便对的，也难以立即采用。“民主”若被恶意人性者操纵，危害甚大。打着“民主”的幌子，可以煽动天下大乱。但从根本上讲，“民主”是制约少数管理和执政人员的谋私和伤害多数人利益的有效武器。民主大旗不能倒。

感恩莫问缘由

人生命存在，感恩造物主。生命是父母亿万次精子活动与卵子结合的偶然巧遇，珍贵无比。想想自己生命是谁给的，感恩心便油然而生。人两手空空来到这世界，本一无所有，但都享受着大自然阳光、空气、水的滋润；接受前人利用天然资源创造的衣食住行环境护养；受到大人的安全保护……这就是让你有对宇宙、自然、人类社会感恩不尽的理由。现实社会中，丰富的物质精神文明成果，不是天上掉的，地下冒的，而是数千年来人类辛勤劳动，用智慧和双手创造，用付出的汗水和牺牲得来的。凭什么一无所有来到这个世界的我，立即能享受到这些成果，难道不该感恩这个人类世界吗？

人习惯站在自我立场思考世界，以为能做个“问心无愧”之人，就不会有内疚。听后似乎觉得合理；还有人自嘲：我无须感激什么人，也不必感恩宇宙自然和社会，我的生活享受是用自家钱买的，公平公道，还感恩谁？也没有对不起谁。看似冠冕堂皇的无须感恩理由，却经不住仔细推敲。

市场上用钱购物，用钱买服务，按质论价，公平合理。稍加分析，就得为这一是否真正“合理”打个问号了。钱是一般商品等价交换的替代符号。各类商品及服务价值量折算成等值后，用流通中的币值符号代替，方便了人们钱物交易。为此，有钱即可购买任何商品和服务，从商品和服务“价格”意义上讲是合理的。但是，从商品和服务的“价值”层面看，未必是等价交换了。走在沙漠中干渴的人，一口水决定人生死，此时用黄金也未必买得到。这时，水比黄金有价值，这里，黄金是废物。水和黄金便无法“等价”。因为环境影响商品价值交换。同一商品，此地“等价”交换，异地就不是“等价”交换了。商品供求影响价格是根本。少则贵，多则贱是交换规律。人们用钱就能当即购买市场上的物品和服务，是因为市场“商品”有着前人付出的专利设计汗水和制造技能；钱买文化享受，有前人和他人创造的文化艺术成果积累。若无前人和社会他人创造并不断修正的物质精神累积，就没有当即购买对象，你那个钱不过一堆废纸。为此，活着的人，无时不在消费着他人和前人创造的丰富物质精神成果。钱能买到市场物品，应当想到无数创造制作这些物品的前人和他人。不光物品有无，即便某些商品少、短缺，也会将你手中钱贬值得所剩无几。不是钱重要，而是能提供的商品更重要；不是钱能，而是历代延续制造商品人更能。仅此，不该感恩创造世界物质与精神财富的那些人吗？

人出生后，既是单个人又是社会人。个人必须融入家庭社会，否则，无法生存下去。社会是一个已积累物质精

神文明丰富多彩的现实成品，避免了人生下落在一了蛮荒原始的地球上，冒着生死的巨大风险。人的成长，无时无刻，方方面面都在消费着社会他人创造提供的生活资料。衣食住行，安全保障，医疗服务，知识技能培训，知识教育培养，社会就业等诸多方面，都是人生存生活的必需。无论人自身怎么努力，也离不开社会大环境的恩赐。没有社会存在，就无个体人存在。人不感恩社会行吗？

宇宙自然造就人类的同时，又给人类提供了多种多样的生存条件。人生下第一口气是呼吸；第一次喂的是奶水；享受阳光雨露滋润。宇宙自然除提供人类阳光、空气、水外，还生长着自然生物让人类享用，给以生存生活方便。大自然从不夸耀自己的能耐，但是却无时不在沐浴恩惠着人类。人类能不感恩吗？还需什么理由吗？

人性习惯原谅自己，放纵自己，占着便宜还卖乖，身在福中不知福。人还常常高估自己，把自己看得很伟大、有能耐，很自豪！但在宇宙自然和社会大环境面前，个体人是渺小、卑微的。人喜欢炫耀自己活得怎么滋润，如何成功，怎样了不得……但在上述感恩对象面前，又算个啥？与前者比，单个人渺小得像一滴水，一粒尘埃。人人要有谦卑之心，怀一颗对宇宙、自然、社会永远感恩之心，且不需要理由。

情感丰富，源于人性太复杂

人异于动物，因有更丰富的情感表露。喜、怒、哀、乐、悲、惊、恐的七情六欲，随时能演出；多种内心活动都可用嘴巴、肢体及面部五官活动表情展露出来。人除睡觉外，平时都处于表露和平静两种状态。多数人表露状态多于平静。这就是人情感的丰富复杂、多姿多彩。人语言和情感发出，构成人类互相交往。语言发出可以受人控制，情感通过人肉体表情动作显露，很少有掩饰，它率真任性，是人性本能的外表流露。人的喜怒哀乐，爱恨情仇无不通过情感表演而泄露。人的善意及爱心、慈祥和友好、口服心不服、不满时牢骚、敌意中仇恨等情感表露形式，都随性而来，随时而发作。人性格各不相同，表露手法不一。直率人，遇上喜怒忧伤，立即从嘴巴语言表出，往往加上习惯肢体动作和面部五官表情相融合；内向的人，遇同样心理活动，却仅用面部喜色、阳光、轻松、怒容、伤感、抑郁、阴沉、惊恐、害羞、担心等脸部各种表情及眼神表达……喜形于色、言不由衷、凶神恶煞、孤傲自信、神情自若、羞愧难当、

怒气冲天、信心十足、痛苦难言等各样情感，有人不用语言，仅以面部表情的五官、肌肉微动即可表露得淋漓尽致。人们还可用嘴巴加重语气，肢体动作将自己情感推向高潮。如见到亲情、老友，面带喜色，双手拥抱，或伸手相握，寒暄不止。也有相反情感表露，手指对方，出言不逊，或怒目圆睁，面带怒色。甚至用粗鲁语言加重对不满对方的愤怒情感表露。更有甚者，怒火燃烧，蹬脚竖眼、辱骂不断、拳脚相加……人的情感发泄，多在直面，也可在暗地发作，背后喜泣或发狠。这实则折腾自己，对发泄的对象没作用。

人的情感多重性，可融洽加深人与人之间关系，联络感情；也可冷落伤害这一关系和情感。情感随意、任性，表露既快又自发。发泄时，有人不能自控。当然，有一定修养和境界较高的人，遇上情感不顺，却能化解或克制，但为数不多。

情感发作根源，来自人心态。心态振动通过躯体神经系统外露发作，是本人心理和情绪的自发释放，解脱。情感发泄是人类特有。动物只具备本能的渴望、喜怒等简单情感发作；人类却有数不清的情感表露。动物是本能，人是带有目的发作为主。人心态不平静，升华为高级思维活动。一个眼神，可促成恋人成为一家；一张不友善面孔，可将朋友推向敌对方。一句话成亲家；一句话也可激怒成仇家。人生一辈子挣扎在情感、利益、面子和理性之中。人生成败，除利益纠缠外，情感不定，起着重要的作用。家庭关系，人害怕同床异梦。情感错位；喜欢情投意合，白头偕老。

情感能毁掉家庭、亲情之好，也能造就天下人的相融相知。人的情感振荡能量巨大。

情感能主宰人生欢乐与不幸，它是让人难以掌控的精神怪物。情感来自人性的复杂多元。人性是人之本性，是人固有的生物属性和后天养成的文明社会属性所构成。人性优点不少，人性弱点也偏多，人性优点保持不易，需不断学习修炼；而人性弱点改变难，这与自然生物“变坏容易修好难”同理。人性弱点的本能自私、贪欲、高估自己、爱炫耀、爱攀比等根深蒂固。人性在与他人攀比中，见不得别人超过自己，“唯我至上”的心理弱点，几千年来少有改变。这一复杂的人性，由人心态决定。这种复杂心态流露于外表、便成丰富的情感发作。“江山易改，本性难移”老话，指人性改变的难度，露于外在则为人的情感丰富，难以捉摸。人性弱点各不相同，很多都是因为缺乏智慧和理性修养。人的爱心、善良、感恩、宽容度增加，平和心态持久，恶劣情感发作会少得多。

人性的弱点和优点，支配人躯体行为。不同人交往，持优良心态的人，激发出的情感是善良，正面；反之，激发出情感负面而伤人。这是人性不同，主导情感随机暴发的差异。社会欢迎优良人性发出正面情感。人要努力从人类先进文化中，学习正能量营养，心中装着他人，容纳世界。如此，再复杂的人性，激发的情感也是正面的多，负面的少。

“律己”为根本，法制乃被迫

竞争的市场经济体制下，法制社会理念深入人心，易让人们轻视社会道德的力量。如今谈道德自律似乎有些“天方异谈”，或被视作“傻瓜”。其思维逻辑简单：人人都在玩命挣钞票，“钱”的吸引力掩盖一切，魔力无穷。跟人讲道德，未免成十足的理想主义者。为财富而活，财富成为现实中人们的普遍奋斗目标，冠冕堂皇。如有反驳者，必遭“唱高调”“说空话”之类回击。简单的自古流传“人为财死，鸟为食亡”求生哲学，是有特定含义的，它是人的原始求生欲望，在生产力极端低下时，它是人类的求生誓言，且带有贬义。人类社会走过数千年，先进文明文化积累，滋养着现在这一世纪的现代人群。人们靠物化生活外，理性已大大提高，人类相互依存的社会属性更加增强。人的社会交往，靠人性的道德支撑，而受真正法律制裁人群不超过总人口百分之几。绝大多数人群维系关系，靠道德自律。能道德自律的人，同时做到不触碰法律底线，是人类社会文明的主要体现。

和谐社会由物质和精神两个文明构成。法制是保障社会安宁的必要手段，法律是市场经济模式的配套。国家用法律手段规范社会人群的行为，让少数人在市场经济竞争中的非法手段受到限制，保持市场有序运行。如此，社会秩序稳定，社会本能安宁。一个国家制约百分之几犯罪人口和提高百分之九十几以上人口的国民道德素质都很重要，且后者更重要。当然法律作用一是惩处百分之几，另外警示百分之九十几其他人群。但能自律的人群越多，触碰法律底线人会越少。这应该是做人的根本，且动用成本低。随着社会进步，“民主”和“人权”更受到重视。进步的社会里，人际间更需高尚道德支撑，才可给人们精神生活带来信任、友好、融洽、互让的温馨氛围。人的社会属性后天造就，只有在优良的社会环境中，用优秀文化进步文化陶冶人的情操才可获得。高尚道德情操不是本能就有。出生的小孩在人群中成长，增长人的优良属性；在狼群里长大，只能成长为毫无理性的狼孩。什么样的社会环境造就什么样的人性。今天的资本、金钱、享乐成为更现实更诱惑人的主调。怎样做人，奉献社会，关爱他人等道德宣传，显得有些无力。过去曾为社会进步做出自我牺牲奉献的英烈，劳模们的人生价值，能在几个人心中产生尊敬与震撼？太少了。而屏幕上“权位、金钱、名望”却更让许多人羡慕和追逐。如今，界面宽泛的人群自律被忽视，多数人活在“只要我不犯法，就不怕”的浅层次氛围里，将“不犯法坐牢”作为自律人生底线，做人标杆太低了。社会人的

冷漠，相互戒备，欺诈横行，犯罪率居高不下根源即在于此。只有“权位、名望、金钱”更直接，更现实，有了它们才是拥有自己。先进的传统文化经典，有时只被当作时髦词语、包装赚钱获利的广告词。

现实中游离在法律之外，践踏道德底线的人群却不少。谁要说出“道德”之类话语，遭“白眼”的比比皆是。似乎“道德”已与当今“唯市场”节拍对不上号。“跟不上时代”“老古董”“傻帽”等同于说出道德的人。

人群思想倾向反映一个时代的价值认同，离开自律的道德治理，将动摇人的群体“软实力”。仅靠强化法制是治标不治本，德治才是根本。人类走向更高文明社会，本质是社会成员文明素质的提高，国家实力强大，除经济实力外，背后必有过硬“软实力”作基础，否则很快失去强大，“软实力”即人高度自律的道德品质。一个人也是如此，没有自律约束的品格，物质再富有，也会败光。社会强化法制无错，但精力重点应放德治上，法制不强化，坏人当道，社会秩序混乱，人民安全生活遭殃，但法制仍为被迫之举。人们“自律”约束自己，可减少社会犯罪。社会风气正，看人的群体道德自律水平，这是治理社会的根本。

唯“透明度”，不符合人的生命本然

铺天盖地的网络信息，真假传闻横飞；穷追猛打的人肉搜索，让人无处遁逃；随处设立监控镜头，对错需要难分；见风即雨的媒体传播，不论真假先说为快；网上黑客攻击骚扰，叫人防不慎防……人人在喊增加“透明度”，似乎要把这个世界及人类一切隐蔽面剥成裸体才算成功。这一扩大趋势席卷政治、经济、人文各领域，直至人身。科技进步为侦探“透明度”增强了手段，能隐蔽的东西越来越少。雷达侦察，网络跟踪，连军事技术等活动，当今也很难守秘。后者是斗争需要，当属正常。可在社会人之间，私人乱设监控摄像头，目的互相揭丑；花钱雇私人侦探成商业化；网络追寻查找，将人的祖宗二代翻个底朝天；人的私生活全过程，可被摄像头，录音全暴出来；影视剧中所谓“床上戏”越演越露骨……针对防腐败，要求管理透明是对公职人员的职务监督。而一些人喊出什么都要“晒一晒”，目的是窥探机密和他人隐私。这种唯透明度泛滥让人畏惧。一切到了无密可保，连人性的隐蔽面都要掀开，不符合人

的生命本然。

世界不可逆的唯“透明度”现象，违背人类生存法则，不符合宇宙自然规律，破坏事物内在平衡。透明是好，阳光是美妙，如果宇宙大自然整日阳光而无黑夜，人类能受得住吗？万物会生长存在吗？所以，阳光黑夜都存在，才是适当和美妙的。地球上动植物，只在阳光和黑夜交替中，才能获得生长休闲互补的发育环境。人是宇宙的产物，人有对外公开一面，也有必需的隐私面。人的吃喝穿戴，表演等可以对外公开；而排泄、性生活、部分肉体器官却不能透明公开；人的思维想法、心灵活动，有的可对外人讲，有的则必须放在心里；人之间交往办事，有的能对外公开，有的只能当事人之间知道，不能对外说。世界上一切物种都有公开和隐蔽两面，事物发展也有显现和隐蔽的双向。这正是万事万物的“阴”和“阳”才能构成矛盾统一体。只要“透明”，不允许“隐蔽”，违背辩证法。

人与动物区别是人有高级思维活动。人有“羞耻心”“自尊心”，人很在乎“面子”，人有丰富的“内心活动”天地。这些是人性的特有、生命的本然。每个人将透明和隐蔽掌握分寸，是自己的权利。遭受强制性公开透明侵犯，便是对这一权利的伤害。当然，罪犯受到强迫公开透明，是其已侵犯他人权益在先，和正常人保护隐私不是一回事。人性的透明和隐私并存，符合辩证法，是天道。

社会人文研究宏观，自然科学研究微观。通常宏观不易看见，微观成果容易一眼看穿。人眼光习惯聚焦在微观细节上，对隐形或不太明朗，却能代表根本的问题上视而不见。注重眼前，忽视长远是人易犯的毛病。微观具体，具体和眼前利益更贴近人生活现实。“唯透明”，就是要将具体事实一一公开。人对较大较远处等宏观问题不太愿意关注。即便这些带方向根本性问题。因为人喜欢就近不就远，关注具体、现实，而不太关心总体。科技发展，电子信息发展迅速。大数据，信息储存量超前。应用到各类考试上，许多准备好的各种答案明明白白分列，让人们在考试时任其选择。这种“唯透明”，只需考生大脑记忆，不需大脑联想分析，让人的大脑萎缩，严重弱化人的自我感悟能力。熟记模仿的东西是死的，感悟的东西是活的。感悟才有生命力，感悟有利人的思维创造。知识积累，技能提高，智慧生成，只能在人的自我感悟中完成。人从这件事联想到另一件；从事物现在，联想过去，预测未来；从事物现象，分析其背后实质；从事物产生的“果”，推断其形成的“因”，从现在的“因”，预想以后的果……人类用这些思维方式推动着世界的发明创造。全部答案透明，让人从多倍的答案中选择应考，只能培养人记忆能力，无法提升思考能力，更不利于理解事物关联性。让人们模仿、抄袭，束缚了人的大脑，也不符合人的生命本然。

碎片文化割裂事物整体，小道理强压大道理让人哭笑不得

事物存在以整体性和相互联系而成立。文化是对各个时代事物、人文、社会发展等状况的记载、描述、分析、评论。商业市场化的今天，切割事物整体性及相互联系的“碎片金句”“语录文化”，铺天盖地充斥于街头巷尾、码头车站、商场超市、娱乐场所等墙上及广告栏。网络视频，手机一打开，都是一两句词语或经典语录，似通非通，单刀直入人们眼球。送外卖箱盖上大写：“× 了么？”；少女背心上印着：“别惹我，我很烦”；培训班广告词：“一对一，包提高 20 分”；药品广告：“包你治好”；超市广告：“买一送一”“购百元商品，送 120 元回折”；连电视节目主持人都领着人们喊：“我要出彩！”“我要超越！”……太多太多。在浮躁浅显的词语里，不免夹杂着欺骗。喊几句震撼的口号，用几句巧妙滑稽词语，串联几句打油诗，似乎就是文化。更有摘录古今中外名著几句经典话；抄古代著名诗人一两句诗词忽悠打趣，已对当时原意大肆歪曲；

类似“关公战秦雄”的历史笑话，搞笑历史，银幕舞台上还不胜枚举。将严肃的历史文化，摘录只言片语，包装成商业文化，群众文化；断章取义的几句口号，当作人类文化，至少对未成熟的下一代年轻人理解是如此。以为学到了这些，就是知识文化。

文化是对历史传承的记载。世间事物存在都有整体性，互相联系分割不开。用文化形式将其断章取义，割裂开来，必将歪曲走样，面目全非。人们对反映历史社会、世间事物文化知识的学习，不能割裂和孤立地看待。一些人学习文化，找点好句子，储存点答案，便是学习。应对考试，从储备的数字答案中选择，即便一字不识碰大运，也不会得零分。孩子成长是应对考试，急功近利，还是系统学习理解文化知识，显然是后者。仅答案正确，不系统深入理解掌握，不是真正的学习。难怪网上有专门替代考试的公司，它们专搜集各类考试题答案。文化被商业绑架，很危险。当今一些人，以为靠“语录”和一本字典就在学文化。

将市场经济发展生产力，创利润的路子，推广到人文领域，文化知识学习，是不适合的。文化知识学习掌握，不是立竿见影的，它是潜在的人文知识积累和价值观深造。用急功近利商业市场化方法不行。语录、字典永远代替不了文化知识的全面系统和完整，把一两句语录精髓亮点理解成文化不全面，是要误人子弟的。真正的人文、自然学科文化是助人长知识、增智慧，且有道德上的提高，必须整体性，系统性联系理念，才是真正的学习文化。采用“碎

片文化”走捷径，违背事物发展宏观规律和认识世界的学习程序。世间一切事物相联系，“你中有我，我中有你”“因为你的存在影响其他，反之，又会影响着你。”认识事物的链条断裂，便无法理解掌握事物全貌和整体，更难预测发展方向。“碎片文化”让人误认为“记标签”就是学文化，丢掉整体。储存“标签”便可应对考试，不用脑子去系统分析事物内涵、本质、让人大脑退化。

碎片文化与世界文化发展趋势的突出“个性化”相关。微观中认识自然科学领域是研究方向和路子。但事物整体全局，尤其人文学科，人的道德领域，人性研究，便不是“碎片化”能解决的，它需宏观领域。无数个“碎片化”加起来不构成“整体”，“碎片化”内核不相联系。“碎片文化”强化了人的个性化，丢弃或减弱对社会整体和全面的认识理解。强调个人至上，不该指某一部分人群的个性满足，而是人类多数人的“个性”满足。部分人群在碎片文化影响下，私欲心加重，正是西方一些极端民主产生的根源。

宇宙天体运行规律是大道理，人类社会顺应这一规律而发展。亿万年来，天体运行规律未有变，“天不变，道亦不变”。人类社会发展离不开自然规律。有个误解：自然科学的科学技术飞快进步，为人类生存生活带来改善和便利，人类能主宰世界；核能顷刻毁灭世界；航天载人进宇宙；化学改变生物性能。但是，科技能耐再大，也改变不了天体的自然运行规律；医学再发达，无法叫人类不死亡。当然，科学也改变不了数千年还是那样的人性。人类科技进步对宇宙自然来说，太微不足道了。春夏秋冬四季转换，日出日落宇宙大规律，人类撼不动。

失去人的社会属性就不叫人类。整体全面先进的人类文化，养育着人类进步文明的优良品行。碎片文化只能成人个性“太自由”的护身符。它助长了人的“自我”“唯我至上”“唯我独大”的狂妄自私，且形成无数个“自成体系”的小道理。站在自我立场看世界，自己最大，“惹不起，碰不得”“侵犯人权”的小道理，横行市场。管大道理的全局将显得矮化、无助。小道理冲击社会道德，眼中容不得他人好，互相失信、戒备、社会犯罪率高，家庭关系紧张，道德缺失……真叫人哭笑不得。中国几千年痛斥人的恶行称“天理难容”，天理即“大道理”。大道理应管小道理不可改变。“碎片化”文化的后果，毁掉人的世界观、人生观、价值观。这三观是人对于宇宙自然社会一整套观念的整体理解，拼凑起来的碎片化无“三观”可言，是挑战人类的文化知识积累。完整系统是人类传统文化的关键。

人的社会属性丢失，阿尔茨海默症袭来

人性从不成熟到成熟，是人本能的生物属性递减，社会属性增强的过程。人出生后便步入自生和依靠保护而存在。自生是自我的生物属性支撑，即人的生命能力；人维持生命并能在肉体、精神两个方面得以成长，靠外在条件滋养及维护。人独立，但又是社会的人，生存环境离不开社会群体。个体人活动，本能的不受拘束为正常；只要两个以上人群相处，定受到情感、理性、道德、法律等诸多方面制约。做不到这些的人，必被社会和他人唾弃或淘汰。这种“不入流”的感觉，使这种人成为社会边缘的孤儿。被社会人不理睬，是十分痛苦和可悲的。

人生下来，除肉体增长外，重要是人的社会属性修炼增强。社会属性是人际间交往的通行证，是受社会人群认可欢迎的人类属性。民间对恶人咒骂语言是：“像个畜生！”指该人只有动物属性，而缺少社会属性。民间还泛指恶人“没有人性”，实指没有人的“社会属性”。人出生有简单语言后，便步入不断被驯化、学习的漫长轨道，学习是人的终生需要。

人类数千年文明文化积淀，知识经验积累，科学技术成果，艺术技艺成就，社会道德伦理，管理制度，法律法规制定，等等，都是人类社会属性的理论结晶。人要终生学习，就是增强自身的社会属性。学好前人的优秀文化，学好他人长处，通过自身感悟，获得自己处人处事之道，得到社会和他人认可。人社会属性提高，表明人正在成熟。唯有这样人，才能既为自己，又为社会他人做出有益的奉献，而少做坑人害己之事。人格完善的分量，人性成熟的程度，标志该人社会属性的多少。

人从小到大，逐步迈向老年的过程，是人性发生渐变的过程。从生理角度上，人幼年弱；青年、壮年是体魄最为强盛阶段；老年又处下降衰弱时期。每个人躲避不开这一自然发展变化规律。人随躯体的“弱→强→弱”演变过程，人的社会属性也呈现变化：老时，记忆力由强转下降；反应能力由快变迟钝；社会活动能力由强转差；接受新事物能力渐弱……这些成迈入老年时的常态现象。此外，“固执”“更加自我”，也是部分走向老年弱势的通常表现。老年路上，思维活动减弱、智力下降，表明人性中的社会属性正在丢失。人的社会属性丢失，本能的生物属性保留着不少偏见、固执、自我的属性。因为前者丢失，人对现实中庞大世界认知能力加速减退，便提升了“自我为大”的本能生物属性面。这种人往往不将世界、社会、他人放入自己眼内，唯有自己才是“真”。社会属性丢失，随之对感恩、谦让之类情感也少了，有时严重到血缘关系的亲情也一律排斥。

人丢失了社会属性，更感自己孤独、抑郁……不知道社会、不认识亲人故友，只觉得自己孤立存在着，于是，我行我素、为所欲为、离家出走，不可理喻等事情，时常发生。应该说：阿尔茨海默症已经袭身了。人的社会属性丢失，一辈子修炼觉悟的老本赔光。在外界眼里，已倒退至生物面了……

人只要维护社会属性不丢失或少丢失一点，痴呆症就不会找上门来的。许多人步入老年，尽管体力不支甚至坐上轮椅，但大脑灵敏、思维不乱，这才是真正的社会人。做到这样的关键是后天学习不停，脑思维锻炼不止。大脑越用越灵活。医学介绍，人体衰老至八十岁，脑细胞尚有60%以上可用。终生学习，不仅学到知识、增强智慧，还可保护大脑的延缓衰退。人生难点是后天学习，青少年学习不可抗拒容易做到，后天靠自觉比较难。难怪医学上统计显示数据，老年知识分子中，阿尔茨海默症患者有增多现象。唯一解释是：先天学习单一性知识，中年学得不差，老年放弃多方面学习而引起。那些终生学习不止，爱钻研，用脑不息的人，能跟上时代节拍。105岁翻译家、文学家杨绛，笔耕不止。112岁去世的语言学家周有光；英国文学家史蒂芬·霍金，从小得肌肉萎缩症，医生诊断活不过16岁，可现在74岁坐轮椅上，不断研究宇宙天文新课题……这便是他们有强大的社会属性之故。

平衡为愿望，变革是本质

宇宙自然处平衡状态，彰显其自然美和博大深邃，国家社会唯有和平安定，人们方能安居乐业；一个家庭和睦稳定才可兴旺持久。以宇宙万物到单个人体，唯有阴阳、正负等平衡，才能保持存在。平衡体现美好，稳定带来安宁。平衡稳定永远是人类的美好愿望。事物发展中的平衡，都是暂时表象，且脆弱；变革才是事物发展的本质。变革过程是对原平衡不适应的破坏，目的是实现下一次新的平衡，否定之否定即新的肯定完成。事物现象因平衡而展现。平衡是目的，变革是手段。事物存在，平衡属常态、变革是本质。事物发展前进，平衡是相对、暂时的，变革是绝对、永恒的。事物发展过程中，相对静态和绝对动态矛盾相互依存对立，是事物发展的根本要求。旧平衡打破，新的平衡又成立，推动事物向前发展。

人类生存更适应平衡。有人希望维持原平衡，谁都不希望自己衰老加快，永葆青春是常人的梦想；过着好日子时刻，人们总想把好日子留住；而身陷痛苦或遭遇不幸，

人更盼望快些改变，换个新的状态活着。喜欢平衡是人天性，动乱让人们更感不安和恐惧。年轻游客挑战游乐园过山车的刺激，只能短暂，不可能长时间适应下去，回归平衡仍是目的。宇宙天体如果无休止狂风暴雨，电闪雷鸣，人们将无法生存；国家长期动荡不安或战乱不止，百姓将遭殃。欧洲难民潮即遭多年战乱的阿富汗、伊拉克、利比亚、叙利亚等都是国家动乱的产物。事物发展规律，变革是永恒的，根源于万事万物的量变和质变。可人性难变，希望留住永远美好的时光不会变。身处幸福中人，留恋老平衡；身陷不幸中人，更希望快变革，过新的美好日子，期盼新平衡。所以，平衡是人类的愿望。

自然界、人世间，平衡是一种美妙现象。自然界，因它而美好；人类社会因平衡而和谐。正是宇宙间有短暂平衡，才产生对人类的适应。平衡不是事物不变，只是它处量变阶段，未达到质变。

人有万物中最高的灵性。人的爱美之心，人性趋向安定、平和、稳定的本能愿望，就是适应平衡。由人类组成的社会，其发展目标愿景也是追求和平稳定的平衡社会。但是，任何一平衡状态都不能持久永驻。旧平衡状态易让人产生厌恶，通过事物矛盾发展变化，迈向下一个新平衡，又是人之必须，不可缺少。为此，人在欢乐与痛苦交织中找回平静是一大畅乐之事。婴儿诞生，全家庆贺，亲人离世，全家悲痛，两者都少不了。但“庆贺”、悲痛之后，还都归于平静。这就是辩证法，谁都违背不了。违背了辩证法，只生不灭，地球堆不下，人类将有更大伤害；反之，只死不生，人类物种灭绝。所以，辩证法才是完美的。平衡虽短暂，但却是完美的。人们期盼的“长生不老、青春永驻”，只是对旧平衡的留恋，但实现不了。

认识平衡和变革矛盾既是相互依存，又相互对立的客观存在，可减少人们许多不切实际的幻想。人们追求并能努力做好，就是把美好平衡留得长久一些。国家社会在适合的体制制度下，人们安居乐业、和谐相处、政体顺畅、公平办事，并用改革调整等办法纠偏、创新，钝化激烈的变革手段，叫“软着陆”，是维持平衡状态久远一些的好办法。虽“天下大势，合久必分，分久必合”规律不可违，但人们通过信仰强化、道德自律、法律制约、改革创新，让人们社会属性提高，当前的美好社会平衡定会久远些。中国历史上开明的周朝政权统治七百年后才变革。人体保持平衡，体内少生病。人身心健康保持平衡，延缓病态的变革将放慢，可多享受若干年美好生命；植物水果蔬菜及食品保鲜，就是多维持其存在条件的平衡，暂时阻断质变；服装用具、物品等，用呵护、保养办法维持其性能的暂时平衡，可延长使用寿命。这都说明人们对美好平衡的愿望，只要努力创造维护和促进变革的条件优化，便可达延长“平衡”之目的。

事物矛盾存在，变革是绝对，平衡和谐是相对。变革促进旧事物灭亡，新事物发展，平衡是维持事物相对存在。但愿顺应矛盾规律行事，运行出人们心想事成的美好结果。

人生无奈伴终身

世间百分百按自己意愿活着的人太难找，谁都会遇上无可奈何的时候。贫困者被“缺钱”逼得无奈；富有的人易发生家庭不稳固而无奈；孩子不听话家长无奈；成人找不到合适工作无奈，寻不到满意对象无奈；人生病时忍受痛苦的无奈；时间等待中的无奈更多更多……人心存希望或行为发生时，目标实现中，获得满意之外的其余不满意，都应该属于人的无奈。所以，人生随时随处都有无奈事情发生，只不过有无奈的大小差别而已。

“无奈”由客观缺陷和人欲望不能满足产生。人自身缺陷来自客观遗传、先天不足，或外部环境不顺，本人境遇不佳等多种因素带来。凡此，尚能得到社会和他人同情眷顾。这是一种客观主导，让自己被动的无奈。人主观产生的无奈更多。人有正当和非正当的欲望，欲望激励人生奋发前行。欲望碰上限制产生无奈，若无限制，人人都能心想事成。但世界社会提供的不会件件是好事。人出生，首先是需求，需求产生欲望。人生理的、精神的、情感的需求，无时不渗透人的生活、生命成长过程之中。需求是供养人生命成长的重要条件。独立的人，活在自然和社会环境中，有时不能左右自己。人有权产生欲望，却无权如愿把握环境。环境对人欲望的限制，不能满足人的要求，让人产生无可奈何之感，这便产生人生无奈的必然。

婴儿出生，啼哭是本能，是孩子发出的欲望需求：无非是饥饿、饥渴、冷暖、身体不适等生理满足；此外，婴儿尚有被温暖、抚摸、拥抱、逗乐、关爱等情感需求。通常，监护人的父母都会尽量满足，直到孩子停哭发笑为止。如果父母未能及时发现或疏惑，孩子只能啼哭不停到无力而休止，即哭累了便不哭，甚至能哭睡着了。这就是婴儿在未能满足需求时的无奈。少儿成长考学校选专业，青年就业、竞争、待遇、处人处事，大都是“美好设想”开始，难愿以偿“告终”。原因是：本人条件、社会环境、人际关系等因素对不上号。此时的当事人，除另辟蹊径外，只能无可奈何接受。人活着的过程中，就是欲望产生实现及破灭的过程。破灭原因是人自身主观欲望同外界环境有差距。这一主客观对不上号，对欲望者来说，只好叹声“无奈”，没办法！“无奈”可跟随人到衰老，临终才肯撒手。“生老病死”永不是人的自觉愿望，人们甚至想出办法抵制、预防、排斥，可它偏偏向垂暮老人们袭来。对老人来说，也是无奈。“无奈”是规律，往往让人有“无力回天”之感。

人生有扔不掉的“无奈”跟随。在无奈面前，被动承

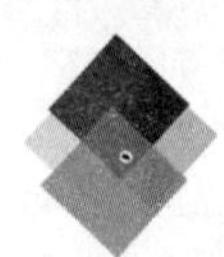

受，还是主动应对，是检验一个人对待生活、生命的态度。被动承受者，陷入“宿命论”，完全听任环境摆布，在环境面前甘拜下风，自当落后。这种人做不成什么大事，无多大出息，太容易被“无奈”击垮。还有一种人在不如意，甚至恶劣环境面前，虽不能改变环境，消除无奈，但可以从自身主观做起，调整改变主观需求欲望，调整心态，换一种活法，尽力与环境相对接，往往可获得另外一种成功。人活法千条万条，此路不通换他路，事态就盘活，跳着走，路子就有了。后一种人是智者，凭自身知识智慧，无往而不胜。更有一种修炼成熟的智人，尤其一些经历丰富的老人群里，对“生老病死”规律，虽处无可奈何之感，但能乐观地过好当前，活好当下；既能顺其自然，也能随遇而安。他们客观对环境给予的现状，十分满足，充分享用；对环境无法满足的“无奈”回避；力所不能及的，敢于放弃，也就是对达不到的欲望免想、免谈，一切承认现实，接受现状。他们寻找自己可以创造乐趣的方式生活着，感觉每天日子都是快乐幸福。对那些无可避免的“无奈”附之一笑，大度、看轻，不就那么回事嘛！能适应伴随终身“无奈”的人，是一种高境界的养生保健，这何尝不是一种超人。

缺陷是世界的本质，不完满是必然。中国最早的哲理书《易经》，最后一卦是“未济”，象征一切以“未完成”为收结。人的圆满不可得，就必处无可奈何中。正因“不完满”，让人生命力不甘现状，逆势与造物主或自身的难点相争，积极进取，以求超越。明知其不可为而为之，恰是追求“圆满”中实现人的价值。人在任何事物面前，都要经受应对主客观的检验。客观环境决定主观思维；但主观对客观有巨大反作用力。承认客观环境对主观不利一面；又相信自身主观能力可应对客观环境的一面。如此辩证地活着，又怕什么“无奈”与“不无奈”呢！

心不平静，难以顺其自然

人遇上逆境顿感无奈，满脑子尽想些够不着的事时，又会突然告诫自己：顺其自然。当今人们养生保健，也倡导顺其自然。即便人们向往用“顺其自然”安顿一下躁动的内心，但效果有限，更难以持久。人性的贪欲、自我、嫉恨、急躁、浮浅、反复无常等弱点，随时因心的不安躁动而激发。顺其自然指人的思想活动和行为要遵从自然界事物发展规律。自然在这里指环境。人只能适应环境，而环境不会主动迎合人的适应与否。人适应了环境，办任何事的成功概率会大大增加。当然，顺应自然不是听天由命、不思进取。无创新的顺其自然是被动生存的“宿命论”，也是不可取的。人应主动地创造条件，智慧而积极地去顺应环境，往往会取得事半功倍的效果。

顺其自然中人在行事之前的思考，要适应客观外在环境的现实。人性习惯自由又同时被环境制约的矛盾永远存在。人与外界环境适应，就是人与环境的和谐。做到了，人就会悠然而自如地生存着；违背了，人将受到惩罚，甚至遭殃。自然界、社会、人际关系，结成了宇宙间庞大而复杂的自然人文环境网。个体人能耐再大，也无法撼动外界客观环境的威力。在强大和无奈的环境面前，人有时是弱小和无助的。但是，活体的人身处强势的环境面前，只能裹足不前、无所作为吗？否！人是肉体和灵魂的统一，灵魂思维的创造力强大无比。人类社会科学技术发展，创造了丰富多彩的现实世界，让人们享受着环境的优美和舒适。当今的地球环境远比人类刚进化时的蛮荒远古地球环境好多了。人的潜力是创造力。这一创造力，虽不能做到“人定胜天”或绝对战胜自然，但人类在遵循自然环境规律中，按其走向和发展趋势，不断改变着自然条件、揭示着自然本质、认清自然环境现状，找出改变自然环境的最佳办法，竭力同人类各种需求相吻合。这便是最好的顺其自然。顺其自然其实就是积极的顺势而为，不是被动适应、做环境的奴隶。

只要宇宙规律不变，受其制约的人类社会规律也不会变；作为地球物种之一的人类生存及活动规律亦很难改变。主体的人顺其自然是理所应当。自然界动植物在无外界作用力摧残下，通常可活出自然周期寿命。如大象活 60 年；猫狗活 12~15 年；植物类的大树能活几百年以上……可人类平均寿命只能活到生命周期的一半多一点。原因是人的思维心态比动物复杂，同无心态植物没法比。人不良心态活动起着人类寿命延长的负面作用。人的意识思维可以追索回想过去，也能思考预测未来。人性弱点受心态支配，

喜欢平面攀比、张扬、炫耀。人心态活动跳跃，除睡眠外，其余时刻都不停止。人心态支配的情感，极为丰富复杂，喜怒哀乐说来便来；七情六欲活跃，一刻也不停止……人的表演永远做不到动植物界的生命简单。人意识和肉体相互作用，心态意识不能平稳，制约肉体生长的平衡。自然环境存在是本质的宇宙规律现象。人类顺应环境无法避开。人心态复杂动荡，必影响顺应自然环境的主观动机。

人要做到顺应自然，务必在思想意识、心态活动过度上找原因。“心”是人性中诸多思维活动及行为表现的统帅。人性弱点激发、恶性发作，都是心在起波澜；是心潮起伏、心浪翻滚的结果。心不平静、欲念丛生、夜不能寐、便无法适应环境、谈不上顺其自然。医学刊物登载人类65%~90%疾病都与心理压力有关。可见，心不平静对人体的摧毁作用有多大。

宇宙自然界因平衡而共存，因变化而运转。中国哲学讲的“中庸之道”，就是处事要恰到好处，平衡是关键。人心态平稳也应当与自然界平衡一致、万事万物才能呈现最美最佳状态。人要抵制自身浮躁不安、烦恼忌恨、抑郁沉闷等不良情绪因素，让心回到“平静”，达到“中和”，就是顺其自然了。心平静人才可冷静，冷静生智慧，智慧造业绩，平静利健康。心平静，人才可顺其自然，适应环境。

赌博心理

人的赌博心理属感性而不是理性。赌博心理近似“投机”，又比迂回战术的“投机”来得更直接、更干脆。赌博心理由多种临时触发的感觉造成，快捷迅速。时而有准备，有时却突发。世界上的人，谁都发生过，只是有大有小，有多有少。赌博心理产生于多种原因，它由人性获利欲望与情感纠葛时的激发而产生，与人的性格特征也有点关联。赌博心理分消极“赌博心理”和积极“赌博心理”两种。这两种心理给人带来伤害或成功。

从消极面说，人性喜欢“想好事”“做梦娶媳妇”的美梦驱使一些人不想用成本付出，自发产生着“碰运气”“赌一把”“试试看”等心态。这是一种“宿命论”。让“运气”“机会”摆弄着自己的命运。不需费力，万一碰上好事来临，即可享受“天上掉下馅饼”的美事。去佛门求签保佑，祷福消灾，求平安、求发财、求子女……即使兑不了现，也无什么大损失。至少可获得暂时心理安慰，对身心慰藉也能带点短暂好处。玩转赌博场所的赌徒们是真枪实弹的赌博行为。

人性“永不满足”“尽想好事”“输了翻盘”的心理放纵，越发关不上门。一门心思想着“赚大钱”，从输局中再捞回来的赌徒心态，促使下“更大赌注”的疯狂自信，迷住本该清醒理智的大脑，搅得自己不成人形。这是赌博佬们的极端心理行为。更有险恶赌博心理的社会罪犯。作案前、心理活动通常受赌博和侥幸两种心理支配：再干一把，不会暴露的。这时赌博人已变成疯狂病态。这样的赌博心理对社会危害性极大。

积极赌博心理可增强人们勇往直前的勇气。科学技术前沿项目的探索和实验；社会各项事业的改革试验；人们自身专业、技能选择；日常工作、生活中经历……在无百分百把握前，都含有“赌一把”的风险。这也是自然界、社会变革及人类自身走的路，都不能保证百分之百成功的原因。社会发展，人对自然认识的所走之路，每取得一点进步都是在试探、实验、研究、总结、对比等反复论证和实践基础上取得的。无一不是在风险中走过来。当然，这种风险不等同冒险，它有人的脑思维预测、推算和反复评估作前提，才开始往前闯的。这种虽无十分把握的行事，同盲目“赌博”不是一回事，只是带有积极的赌博心理而已。若无人类这一积极“赌博”心理支撑，啥都求稳妥，不敢“冒”，人类社会只能原地踏步。从这点看：必要的积极“赌博”心理是推动社会进步的原动力。人第一口吃螃蟹就带有“赌博”心理：吃下去两种后果都存在，无毒即赌赢；有毒，便死人，即赌输。积极赌博心理是对一切新事物的试验，付出代价在所难免。当然，为减少付出代价，要求人们在创新改革前，多做调查研究、评估分析，理性预测十分必要。一件新事物获得成功，都是在理性分析和实践过程中完成的。但离不开起主导作用的人，利用人脑思维功能长处和积极“赌博”心理，才能成就新事物。

人“赌博心理”的中性理解是“随机”，不积极也不消极，如同掷一枚硬币求正反方向的随机。通常几率是各50%。但宇宙间最伟大聪慧的人类，不可能停留在听从自然摆布的随机上面生存着，让自己如同自然界生物般自生自灭，而是用积极“赌博心理”战胜自然，这也是人的高明智慧之处。人类开发未来，并非盲目冒险前行。聪明的人正是利用自身大脑思维和灵性，深入研究、预测未来走向和发展趋势，会在高于50%概率的准确度时，才下手实施。此时的“赌博心理”不再是随性或盲目，已在掌握一定科技含量基础上大胆创新实验。愈是重大项目决策、可行性研究会做得越细。

“赌博心理”同人性深处习惯“想好事”“不愿想坏事”的欲望相通。利用这一心理，在保护自身生命健康上也有积极作用。病人花钱求医，其实是赌赢不赌输。心中想着病能治好才会进医院；心若想着“治不好”，花钱往医院跑是不会干的。人们求医、打针、吃药、平时锻炼身体，心态有个意念在起作用：对身体必有好处。如果心里念叨着“没什么用”，何必自找麻烦？一个人就医前带着“没什么用”的负面心态，其治疗效果必定大打折扣。几天前

网上消息：上海赴日本游轮上一中年女性，回国途中夜四时，出房间扒轮船上层栏杆观海上夜景时不幸堕海。夜深无人知晓难以施救。该女性有体院经历，在东海上漂浮 38 小时，被舟山渔民相救。同去的上海父亲在悲伤同时，认为女儿必死无疑。获救后父女相见，女儿说："漂浮时心里老想着：东海上会碰见船只的。"这一"赌博心理"救了她的命。这一积极的正向意志，让她坚持海上漂浮 38 小时。一般人恐怕早就完了。

愿人类多一些积极的"赌博心理"，也即在尊重科学的基础上，增强自身勇于开拓的勇气，对人类社会是有益的。

“幸福感”的真伪

终生幸福是人们的美好期盼。而多数人近人生终点时才恍然发现：不是这样的。人对自身一生的幸福感受至少有四种：一是幸福或比较幸福；二是伪装着幸福；三是平平淡淡；四是不怎么或很不幸福。人生梦想着、寻找追逐着幸福，累个半死的结果是“不确定”，这才是人生最大的悲哀！究其原因是没有弄清幸福的含义是什么？幸福的标准在哪里？什么是自己想要的幸福？不少人甚至将自己的“幸福”理解为露给别人看的，活在虚假的“面子”里。这类人大半生蒙在“伪幸福”的日子里。有人虽然发觉，但为时已晚，直至终生未觉察得到的也大有人在。

人追求幸福，还是追求“比别人幸福”，两者差距很大。幸福本是自我生命的感觉和体验，只有自知，不可越俎代庖。幸福给别人看，让他人感觉到我很幸福，将自身幸福放在别人的揣测和判断中，是一种“伪幸福”，而不是真正的幸福。人平时生活中的即兴快乐与人生幸福感不一样；快乐是微观行为，一种短暂、外表产生的情感乐趣现象；

幸福是人整体的愉悦体验，来自内心的欢愉感觉。幸福层次感比快乐更高而持久。人生一辈子为寻找幸福奔波，无可厚非，也很正当。世间无生下来就主动找苦吃的傻瓜。奇特的人性现象中，存在着喜欢与他人攀比的弱点。人在与社会交往中，易产生过分“自尊自爱”的虚荣是人性欲望的产物。本真的人，出生到这一地球表壳上，你过你的日子，我过我的生活，互不相干，互不嫉妒打压倒也挺好。由于人们社会相处不容易让人安分守己。追求幸福的欲望同攀比心理的虚荣心交织在一起，即可产生我要“比别人过得好”的炫耀想法。于是，“伪装幸福”便出现，用“伪装”满足自己的虚荣心态。这类人将追求自身的“幸福”变了味。每个人对幸福体验不一样。人们通常的需求欲望大体一致：名和利。但个性化的需求又不尽相同。餐厅里人们对食物需求热望差不多，但各人点菜口味又不完全相同。社会按各人欲望多方位满足供给才是合理。人们精神需求差异更大。谁都想随心自由，干自己想干的，自由度大，活动空间更广。某种物质需求够了即可，而精神心灵追求，情感满足的范围更广，境界深远，层次更高。人们的物质需求基本满足，精神上有内在追求，才是真正意义上的幸福。社会成员为这个世界共创物质和精神丰富的美好家园，从这一意义上讲，幸福是共同的，又是个人的。但是，人在现实的“你多我寡”“你是我非”的利益情感纠葛中，让人变了样，将幸福由“自我感受”，变为攀比中的“胜方”来决定。于是“比别人幸福”主宰了自己的内心世界，处处“超过别人”的心理膨胀，以彰显自己风光无限。此种人的嫉妒心理与幸灾乐祸心态共存。比别人好时心花怒放，幸福来临；别人超过自己时，当即跌入痛苦深渊，这类人即便感到“幸福”，也是“被幸福”“伪幸福”。

攀比中获得的幸福感，只注重“幸福”的外显，是有形的炫耀。人们眼中的权位高低、财富多少、名望大小，是以身价显露为筹码。未必是真正的幸福感受和体验。幸福感受同有形物有关系，但更多是在无形的精神愉悦中体验获得。有的人物质生活满足一般，而精神内在丰富，能从平淡的生活中，体验着深度的幸福。

幸福有真伪。从人性优点激发出的善意欲望，追求到手的是真幸福；从降低自我欲望标准中，体验着满足感是真幸福。靠人性恶劣的贪欲无度追得的幸福是“伪幸福”；依仗外表物质奢华的“幸福”是伪幸福。自以为比别人过得好的攀比幸福，也不是真正幸福。幸福与人性的善良、宽容、感恩、俭朴的人品相连。有良好修为的人，幸福感必然高。一味追逐物欲满足，必带来精神上的莫大空虚，精神缺失是真正幸福最忌惮的。精神富有，使人内心安定。心态处于稳定状态的人，不会因物的得失而惊慌不已。神不安、心不静，再富有的日子也不算真正的幸福。幸福真伪，人群中看法有多种：有人自己觉得幸福，别人却不认为他“幸福”，多为精神富有的人；别人认为他“幸福”，而他自己不觉得，多为物质丰厚的人；别人看他

不幸福，他自己假装“幸福”，是特别注重面子或虚伪的人；别人认为他“平平淡淡”，而他活得很自在、很真实，一定是一实实在在、脚踏实地的人，其实这种人也是幸福的。

威胁——人际间正面施压

人际相处，要求对方符合己意，协商的正道走不通时，往往将用威胁。个人之间如此，延伸到家庭、单位、团体、国家间等，也常常使用。威胁是百分百反义词，属人的生物属性一面，从婴儿出生就本能地存在着。尚不懂事的幼婴、即有对大人察言观色的初步反应能力，身边大人的脸色、笑貌、言语、声调等稍不正常，或幼儿需求未能获满足，肢体感觉不适等，在不会说话情况下，爱用哭闹不休等威胁的本能行为，迫使身边大人们帮助解决，以获得满足。这种婴幼儿的本能威胁，很直接、正面、毫不掩饰。对大人们来说，当然是喜爱的压力。孩子在成长岁月中，都有过对大人的威胁。家长让孩子“吃这吃那”“干这干那”，这些“指使”对上路时，孩子会接受；对不上路，孩子用拒绝、抗争等法子相应对。再无效时，孩子会使用“什么都不吃”“肚子疼”“难受”等威胁手段。青少年时，家长管束更严，提出要求会更多。孩子抵制社会负面影响的能力弱，大人们又爱“想好事”，“不许这，不许那”的标准又高又严，

家长许多条律与孩子对不上号。孩子也会使出威胁的人性特有惯例："我出走""不在你们家""断绝关系"，甚至有"我跳楼"……令人胆寒的威胁言行，目的是逼大人让步退却。随之，大人们也会使用反威胁："你不这样，我就不让你那样！""你给我滚！我不认你！"一个家庭内，夫妻吵架使用语言和行为相互威胁更频繁。"寻死觅活""出走离婚"等是常用手段。许多时候，威胁的作用也可以让当事人头脑清醒不少，找到一些妥协或解决之路。总之，威胁存在成功和不成功两种效果，后者可能大一些。但家庭威胁的成功率要高些。

成熟的大人们，深知使用威胁办法多为吓唬一下对方，有时有效，但太伤感情，伤人。越理智的人，使用此法越少。通常社会底层，尤其农村使用会多些。文化知识缺乏，智慧较浅人群中，使用更甚。一些洞察事理能力弱，人性局限在现实利益、面子、情感纠葛上的人使用威胁多一些。此外，人之间矛盾扩大、无法找到解决问题的希望时，极易用威胁手段。群体、集团、村镇、单位之间也有发生，其中以利益纠葛为主导。"你不让我这样，我就不让你那样！"相互威胁的语言和行为在村镇间发生较普遍。如"你卡我的水，我就断你电！"企业、团体间发生交往不顺会用"你不给我款，我就断你原料"之类的语言行动相威胁。总之，使用威胁言词或行动习惯了，它就成为人群之间非理性的交往方式。世界上国家之间的炫耀实力，摆弄先进武器，军演、发照会、通牒等军事和外交警告，都少不了带有使用“威胁”方式。目的是扼住对方，不许干出“让我们不高兴”的事。这种威胁往往可达到震慑对方的目的，有时也无效。多数是强对弱使用多。威胁在人性中普遍存在。

威胁是矛盾一方强势语言行为施压，目的是迫使对方屈服、认输。强势方持实力优势明目张胆压迫对方就范，是一种强权施暴；弱势方偶尔小心翼翼使用威胁，只为保护颜面或为正义壮胆。威胁是人性原始本能的自发行为，是古老的人类传承。它的存在是人的价值坚持还是价值扭曲？从发出威胁的目的上分析，便不难理解。弱势人群，如未懂事的孩童，面对强势，自身价值能量体现十分有限，非分要求除外，为某些合理需求讨回公正，无计可施情况下使用威胁，是捍卫自身权益的无奈手段，是人的价值坚持。弱势群体、弱势国家，即使用起威胁手段，也是效率有限，甚至横祸飞来。善良人群间特别是家庭内，最好勿使用。威胁伤害力大，是激发人之间矛盾的点燃剂。什么“自杀”“出走”“日子不过了”之类的恶话、狠话，讲出去就收不回来、这不是对待亲人的语言，行动更不可。社会上歹人、恶人发出威胁分量重、令人可怕。什么“灭了你！”“毁你们全家！”“等着瞧！”这是报复社会极少数人的鼠辈之事、应受到惩罚。世界上国家之间威胁语言天天有。受到正义、公理的限制，少数强权国家，不好明目张胆入侵、掠夺或颠覆对方，肆无忌惮地使用军事威胁、政治施压、经济制裁、颜色革命等逼迫对方就范。这是一种当政集团者的人性价值扭曲。

威胁属人性本能，是自卫和向另一方施压手段，善意的威胁免不了。对恶意的、凶残的威胁，必给予本性揭露，让其处于道义上孤立，就是弱者的胜利。同时做好防卫，让其无法得逞。威胁是施威者想用最厉害的暴力语言或行为吓倒对方、逼对手屈服。真正实行时，还待观察对方是否被吓倒。被威胁一方，不要轻易中招。多加分析，防范必不可少。增加理智，是减少威胁的最好办法。

共患难易，同享福难

人们交往共事，有太多事例证实这一命题存在。明太祖朱元璋当上皇帝后“火烧庆功楼”，将当年出生入死拼杀的一些认为有威胁的功臣除去……历代众多人群相处、相交、共事时，能共患难而不能同享福的事例，不可胜数。

人的“共患难”易，同“享福”难习性，源于人的生物属性。是人性原始、根本性的生物特征。人生物特征表现的“共患难”易，因人处患难时刻，易产生恐惧心理，由于害怕，希望有外力帮助，增加战胜困难的力量和勇气。因而，对参与共事的外来人员欢迎，且能相处融洽。同享福难，因人性有一奇妙特征：好事独享。战胜困难，度过坏事难关时，希望人多力量大；遇上好事、美事时，喜欢“独吞”，排斥共享。人性这一特征，来自人的“贪欲”心理，是“自我”“自尊”“攀比心态”的复合。人性的这一劣质心理，铸就了自古至今许多大小不一的冤假错案。当然，只有强者才可操盘或制造。

世间事物就那么怪。人们有时苦不怕、累不怕、困难

大也不怕；反倒担心过于享乐而带来的忧患。“乐极生悲”成语可否由此而来，未经考查。人的相聚相离，从某种意义上看，既是情感缘分，更是利益需要。在理性控制弱的时候，后者往往更主要。从人生物属性看：人最真心实意对待的是自己，无虚弄假掺杂。这都是人性的“自我唯上”本性决定。电视法律栏目，报道家庭父母子女、夫妻离异、兄弟姐妹间为争夺财产申诉案件，比任何时候都多。原因是：国家政策方针对路，人们物质生活迅速提高，物质财富增多，让人的家庭亲情难以共同享受，非得争个我多你少。20世纪80年代前物质短缺，这类案件却很少。那时，人们穷困，反倒能互相帮助拉扯，共同渡过难关。乞讨为生的丐帮，团伙的凝聚力却很强。人情感和利益发生冲突时，患难中情意浓浓，相互抱团紧密、关系融洽；富有和享乐时，人情感反而淡泊，甚至互相防范。难怪有人说，越有钱人越会算计，越没钱人越随便。“穷大方”词语，可能出于此了。今天，社会人之间“人情味”远不如20世纪80年代前浓烈，因为那时日子穷；农村“人情味”比城里浓，因为农村人生活比城里苦。甚至国家东部发达地区的“人情味”比西部偏落后地区淡。由此看出：通常利益争夺更高于人们的情感相融。

人生一辈子在情感、利益、面子和理性交错中选择，每人选项都有不同。原因在于各自人性对其中某项的在乎程度。有人注重情感相交，在意亲情、友情的融洽和仗义。这类人一般对权力、利益、名望看得较淡；现今的商品社会环境下，似乎渐少。取利是普遍人的选择，只要有利可图，其他选项便不放眼内；许多人能将利益和情感兼顾、平衡把握适当，让大“面子”过得去；更有甚者是为图利而不顾一切，以致“六亲不认，唯有实惠”。当然这也是少数；还有“死”要面子“活”受罪、虚荣心强的人也不算多。人最可贵的是能用理性处理选项，立足点放在“做人”上。做人重视讲德行、讲道理，讲规则。这种人对情感、利益、面子都能兼顾融通，遵照事物发展轻重次序处置，合情合理、恰当地圆润贯通，该牺牲自身一些利益或面子的，也要成全他人。这种多为别人着想的路子是高尚的，也叫理性处理。对待别人态度，就是别人将来对待你的态度。付出就有回报、因果关系不会错乱的。当然，回报形式多样、未必都是等物回报。高尚的人，更在意良知感受的精神回报。人性有善良、怜悯、同情弱者和伸张正义的天性。理性高尚的人，看似当时未占到便宜，但终究不吃亏。理性力量强大，用柔性软实力可战胜“外表刚强、寸利不让”的人。理性、正义是社会进步规则的支撑。社会稳定靠平衡，理性可维持平衡，是貌似强大、利欲熏心者的克星。唯有理性强大者，才不会轻易发生共患难易、同享福难的非合理现象。增强人的理性，靠人知识智慧的增强，实践中磨炼，从经历中感悟才可得来。虽然不容易，但很必要。

逆反现象

人区别于动物的重要特征是有思维活动，包括思维识别、思维防卫、思维创造等多种功能。人思维受心理活动驱使。人心理反应被人性多种欲望的优劣支配，也即动物属性和社会属性的制约。本能的生物属性中，人的“逆反”是特有的心理活动现象。

人产生“逆反”心理原因：一是太看重“自尊心”，别人说“东”我偏说“西”，以保护自己所谓“尊严”；二是心态上的求新好奇、追逐“个别”，总想“与众不同”的炫耀心理所致；三是对舆论、某件事、某个人的不信任，有怀疑心易生逆反；四是同情弱者，本能地产生“抱不平”。人们持逆反心理的不在少数，天然生成的逆反惯性，想刹车都来不及。

“逆反”分正常与非正常两面。从这层意义上讲，它属中性，不必简单理解为贬义。逆反心理通常发生在上级对下级、大人对小孩、处强势位置者对弱势人的训话、指责时，被批评方内心不满而产生；同等人群间，往往在一方炫耀或“自以为是”，另一方不想买账而产生逆反；少数强者对弱者看不起、不信任。弱者这样说，我非得那样干，是强势的逆反。逆反现象是人天生反作用力的本性流露。人对群体，对物和事，都会因“不信任”而产生逆反心理。各类人身上均会发生，主要受“自尊心”“不信任”和“炫耀”心理造成。有的小孩，明知大人说教或批评正确，可他就是不服气，偏偏正话反说。让他朝左，他偏往右。成人间发生逆反，是对另一方藐视，或自己不忍“自尊心”受伤害，有意而逆反。有的人，表面不敢与强势硬碰，但内心生成的“逆反心态”不会平息，至少心底深处会无声反驳一句：“就你能！”“你让我干快点，我偏慢点干！”一些工作场所的“磨洋工”就是这么产生的。

某些商家，常利用人群逆反心理，做自己获利的文章。美国一卖手表商人打出一广告：“我的手表不准时，每 15 天大概差 2 秒钟，建议你去买准时的表，别买我这种表。”之后，生意极好。买的人偏偏往这儿跑。杭州三大名菜之一的“叫化鸡”，本意是乞讨要饭人吃的，不会有啥好的味道，可偏偏成了名菜。市场经济中，人们被社会舆论、商品广告弄怕了，有时，宣传越过分越不相信，产生人群中大面积逆反心理。有人公然说：凡说好听的，不要去买；不怎么宣传的，倒可以买。人的逆反心理，对虚假宣传、虚假广告的识破，倒成了客观上自发抵制不正之风的盾牌。

人的逆反心理免不了。对那些过于看中“自尊心”“炫耀”心理的，遭另一方逆反也无所谓。多数因不“信任”

产生逆反，有着各自的原因。诚信说话诚信服务是做人本分，少做虚假事，不说虚假话，才是让人信任的根本。多数人应通过了解、分析，多明白道理的办法，减少化解自己的“逆反心理”。做人，总得服从“是非”“对错”。向真理让步，在真理面前低头，不伤“自尊”，是国家民族的自尊，做人的自尊，坚持真理的自尊，而不是维护所谓“虚荣”和“面子”的自尊。个人狭隘自尊过了头，便成虚伪。别人说的对，就该听从；他人无恶意，就不必从反面推测。至于说教人的方式方法，应考虑对方接受程度。谦逊、灵活一些为好。社会、市场、商业一些诚信缺失，假货成堆、骗子乱舞的现象，人们可以正面揭穿或抵制，执法人员不可手软。

“物极必反”，宇宙间作用力和反作用原理，同样适用于人类。人性通自然，人有逆反现象不奇怪。但人的逆反，应作用在对“虚伪”上。自然界的真实、本真，是一切事物根本。朴朴实实、真真切切，是人们的盼望。言行一致是处人行事的信条。凡事做真实、讲真实了，“逆反现象”必将减少。夸大言辞、虚而不实，是造成“逆反现象”的根源。真实与逆反无缘，虚假招致逆反。人性弱点上的逆反，只能在学习通往真理的路上，多明白些事理中得到纠正。人的社会属性增强，就无必要产生逆反。遵循宇宙运行大道理、一切归于真实。“天理良心”在，一切都将无所谓，虚假还有意义吗？

撒谎——掩盖真相的暂时需要

社会人有公开让人一眼看穿的一面，也有不露真相、摆出虚假的另一面。若加以言表便是撒谎。人多数生活在隐蔽面里，隐蔽着他人不易看穿的内心世界，才是更真实的一面。这叫“隐私”，可受到人权保护。人在接触外人前，内心世界常评估着自己，哪些能如实亮出？哪些又不宜？能亮出的，和盘托出，直接简单；藏内心而不便公开的，便用虚假语言出招，产生撒谎动机和行为。有时听某人头头是道说话，往往带有真实和虚假双重含义，这是人性的使然。每个人从小到大，谁敢说自己未撒过谎？因为它符合人性的真实。人际相处太实在，无虚假，人的交往将残忍可怕，互相难以接受。

人撒谎分善意、恶意两种。善意谎言发自人内心世界的善良、同情心。担心对方突然接受不了事物真相，编造暂时掩盖真相的谎话，避免对方产生较大的心理反差。医生诊断出患者病情凶险，总先找患者亲属叙述真实结果，不直接告诉患者本人；给当事人传递“不幸”或是突发不

好事情发生的消息时，人们一般用婉转、平静的谎言先安慰，后逐步道清真相。目的是让对方缓和一下突然的心理打击；真正的朋友间，明知一方有违纪触法行为，为帮助对方改过认错，往往对其用“你有觉悟、懂政策、懂道理”等一类谎言，启发其自律、自悟、自首，促进对方改过自新。人们相处，有人不愿让对方为自己担心、多虑，也会编出“我很好”“可以”“行”等不实谎言。朋友、同事突然造访，见对方正用餐，在不愿增加麻烦时，也会说出“我已吃过”的谎言；有些遇上困难的人，为拒绝对方帮助，常用“我可以”“我还好”“没困难”之类谎言搪塞过去……生活中，善意谎言给人之间带来温馨、谦让。促进人相处时暖意融融。恶意谎言出自别有用心、不怀好意人之口。这种人用欺骗谎言实施不可告人的目的。常接到的诈骗电话，用胡编乱造的谎言，引诱受骗者上当；贪腐分子、各类罪犯很多在审判开始时假话一大堆，是恶意用谎言蒙混过关的通常手法；人品行为不端者，用谎言掩盖自己错误，骗取他人信任，这也是较普遍现象。还有一种无奈的谎言，大多出自稍懂事和尚未懂事的孩子。他们惧怕家长、老师的威严，为逃避惩罚或批评，容易编出假话应对老师和家长。这是被迫的撒谎，带有无奈性。善意撒谎是人之间关心、怜悯而为，闪烁着人性的善良高尚。故意撒谎，恶意蒙骗是用撒谎欺骗他人和社会，隐瞒错误真相和犯罪事实；弱势孩童因紧张惧怕撒谎是缺乏知错改错觉悟，无可奈何的撒谎。第一种对社会和他人有益，第三种无有大碍。关键第二种的有意和恶意撒谎，害人害己害社会。对这种谎言必须及时揭穿，暴露真相，以减少对他人和社会的祸害。

撒谎是人性普遍特点，关键是性质。人的隐蔽面是人内心自由的天堂，装满着自己内在的一切。心中阳光，胸怀宽广的人、心中无鬼，就少有不可见人的东西。这样的人若说出“谎言”一定是善意的、可亲的、必要的谎言。它能温暖这个世界。无可奈何的谎言，责任往往出自家长老师的不客观，高期望值，逼迫出一些孩子撒谎，这也难以避免。道德人格上的谎言，既危害他人，也伤害自己，诚信是根本，诚信是正道，这种人应在人品上认真修炼自己。那些恶毒谎言，欺诈、蒙骗、假冒、伪劣、掩盖罪行等，是社会的毒瘤，必须坚决打击。

谎言都是短暂的，迟早会被揭穿，败露是迟早的事。中外历史档案馆，记录着不少世纪惊天大案，若干年后都将一一被揭穿。这是真埋的力量，真实是永恒。其实撒谎的人，知道“纸包不住火”的道理。许多善意撒谎或被迫撒谎者，更明白用暂时的谎话，让受伤者减少些痛苦，迟一点明白真相，是做人的善意。那些恶意和有意为掩盖自己阴暗而撒谎时，内心总是惴惴不安，用撒谎暂时掩盖自己，只是权宜之计。在真实面前，他们是内心不能安宁的小人。心存善意说谎话，心地诚实，其实不叫撒谎，只是处人中一个技巧和策略，是善待人的技巧和策略。总之，恶意、善意撒谎，都是不同人性掩盖真相的暂时需要。

烦恼是本质，快乐为表象

造物主让出生的人两手空空，赤条条地来到这地球上，其生活资料来源，生存环境满足，全靠人自身打拼获取。当然，成年期前由父母代提供，之后还是靠自身艰辛劳作，在社会竞争中获得。以前父母代替供的欠账，通过自己又对下一代的未成年期抚养而扣还。如此计算，一个正常人终生是百分百自己养活自己。上帝不会用物品配制办法安排好人的一生全部生活资料，一切靠自身创造，决定了人生烦恼是必然。仅此，人将背上沉重的获取生活、生存资料的负担；戴上适应社会各方面恶劣、不顺环境的枷锁。人生除物质环境、安全保障条件外，还有无穷尽的知识培养、技能提高、情感需要、精神追求；与社会协调相处的应对能力……生存需要迫使人在社会中努力再努力，拼搏再拼搏。人性生存欲望的螺丝，把人生命拧得紧而又紧，丝毫松懈不得。人生艰辛是必然，痛苦是本质，谁也逃脱不了这一生命苦海的磨炼。

上帝又是公正的。造物主不能为你配满足生活、生存条件的一切保障；却又提供了通过努力奋斗可以获得生活生存的必要条件；阳光、空气、水、土地、丰富的动植物资源、矿物资源……上天还赐给人类发达头脑和机敏的心智……所以，人只要勤奋努力，便可以获得西方学者马斯洛所说的五种人类需求的。筹码是“天道酬勤”。勤快努力才可实现。“因果”是“天道”运转的必然。人唯有勤奋、努力、守德，才能获得满足自身的需求。人性差异，付出大小可决定获得的多少；人的满足感不同，又造就不同人的痛苦程度和感受快乐幸福的差异。

人的幸福愉快是在付出艰苦后获得。获得后的满足感决定幸福愉快大小。“不劳而获”“天上掉馅饼”，往往给自己造就更大烦恼痛苦。人性的自尊太强，还能从与他们攀比中感受着“超过别人”的愉快，或是“矮人一等”的痛苦。

人在勤奋、创造中获得幸福。创造是人的付出，付出就有辛劳，它是一种支出体力或脑力的痛苦。通俗话叫“费劲”。付出是吃苦受累，舍得自己，必然与痛苦相关联。因果关系中，“因”是付出，“果”是收获。先“因”后“果”，先有痛苦烦恼，才能有收获以后的愉快。所以，付出在先，痛苦在先，以后收获是否愉快还不一定。只有付出准确、到位、得当，才能收获到愉快；若付出不到点子上，不仅愉快收获不到，甚至相反，痛苦烦恼又来。所以，痛苦才是本质，愉快为暂时、虚幻而表象的。多数成功人士，都在先吃苦奋斗，后获得成功。只有先前的艰辛磨炼，才可体验出成功后的满

足感。甜水里泡不出幸福感来。另有一种物质欲望低、满足度高的人，也容易体验出幸福感。这种人在精神道德层面要求高，追求精神价值自我实现，如科技发明创造、文学、艺术造诣高，被社会认可。精神价值自我实现，是高层次的人性满足，获得的幸福快乐更持久。

人生烦恼是客观，与生俱来，逃避不了。即便少数财富多的家族，财产够子孙后代吃几辈子，也是前辈们用双手勤奋打拼获得，从长期吃苦过程中来。已坐享其成的子孙代，也不代表衣食无忧就不再烦恼。有境界、有远见的家族，无论财富多少，都要求孩子在严格规范中培养锻炼，文化知识技能增强和人品格提高。让孩子不漏掉吃苦奋斗这一过程。这种家族兴旺会持久一些。社会上，因孩子怕吃苦、不务正业而败家的例子也不少。经历烦恼、苦痛是人生中少不了的必修课。先苦后甜是人生真正幸福；先甜后苦是人生最大不幸。人生除物质满足外，精神情感的七情六欲，每天往返折腾自己多次。同环境较劲，发火生气、悲观、烦闷、忧愁、喜乐、失望抑郁……太多的情绪纠葛随时发生，它们缠绕人身，是烦恼的根源。此外，人的生老病死恐惧心伴随着人的痛苦烦恼。痛苦和快乐都是人的感受，人活着即在烦恼和快乐中交织度过，是生命的一部分。人的痛苦烦恼是根本，且深沉；快乐为暂时表象、浮浅。它们受心态作用。一个心中装着他人，物质欲望少，宽容善良，乐意奉献社会的人，无论自身境遇如何，心态平静烦恼便少。“无欲则刚”“上善若水”便是这个道理。

习惯“好为人师”，难做“大智若愚”

人性自尊强烈，对“面子”的过分关注，决定人们喜欢听好话，愿意别人夸赞和抬高；人还爱在他人面前张扬、炫耀；人有“高估自己”的个性，容易产生对别人说教；许多人渴望别人倾听自己声音，自己却不太乐意听完别人发言；一些人热衷于成名、成家、成才，不由自主地显露个性，十分张扬；还有些人愿意在众人面前显摆自己知道得多、懂得多……诸多人之属性，容易形成习惯——好为人师。

单位开会，领导多为对下说教，时间拉长再多，也嫌讲得不透；人群间争论，各方都说自己观点正确无比，放低身架，多听对方一点都很难；家庭中，一些老人絮絮叨叨没个完，正是让下辈们听着“管用”或“不管用”的说教；夫妻间抬杠斗嘴，现场往往“道理”横飞，互不相让，镇不住对方时，立即抬高声调，以显示自己一方说教的正确和价值……当今，人之间能以平等身段探讨问题，已很难寻觅，耐住性子听对方把话讲完，更是少见。

"好为人师"产生于：一是自己观点容不得他人挑战，维护自己所谓"面子"和"自尊"；二缺乏对他人信任，眼中无别人，只有自己；三是别人听自己说教，显示自己"能"，虚荣心得到满足。以上人性弱点支配着膨胀发热的大脑，自然而然地产生"好为人师"习惯。人之间，思维认知、理性境界的差异不平衡；智商高低永远存在；年龄实践经历不同很正常。由此，人的优势和劣势双方取长补短成为必需。人的互相为师求教理所正当。出生在不同环境里，成长经历各异，接受教育多少不一样，加之人自身天资差别，决定所有人身上既有长处，也有不足。每个人，有这方面优势，必有另外方面缺陷，即便笨拙无比的人，也能找出些其他长处来。有人习惯搬出学历高、受教育多、理论基础强的自身优势，成为当然的另一弱势方之师；有人虽然什么也不是，只凭嘴皮子的能说会道、遇上机会便能"说三道四"，讲个不停；有人浮躁浅显，见有人群成堆，即想说说自己的看法；甚至有人不懂装懂，见对方有机可乘，喜欢凑上前说教几句……总之，"好为人师"表现形式多样，自发产生，很难叫停。

自然社会是人类大课堂，是学习、锻炼、提高自己的最好场所。圣贤孔子说过：三人行必有吾师。每个人都有向他人学习的必须；同时，每人也有值得别人学习的地方。即便默默平庸的社会底层人群，其身上的朴实、苦干劲头、娴熟操作技能和容易释放"人情味"的善意爱心，就够"好为人师"、自以为是一类人学一阵子的。"好为人师"同夸夸其谈相连，自认为懂得的比别人多，唯恐他人不知道自己“高明”，实为自己见识短浅、浮躁不实。

“大智若愚”是聪明人不张扬自己，外表给人以愚笨之感。同“好为人师”者相反，即使这种人心里早已知晓明白的，在他人不先提问下，不轻易自己先亮底牌。这种人同真笨的人有别。真笨的人害怕别人说自己不懂无知，有时还可装出聪明人样子发表高见。一些“半瓶醋”、一知半解的人，更喜欢随处高调卖弄……装聪明和真聪明人不一样。唯“大智若愚”者才为真聪明。竞争的商业社会里，产生一种文化现象：社会舆论工具常曝光一些“有头有脸”的聪明人，以名人、精英、身份作“好为人师”的夸夸其谈，助长误导了一些人只想追逐成名人的虚荣心，丢弃了原有踏实务真的平常心。社会竞争中，人们急于有所表现、用张扬的办法证明“我行”“我能”，“快速成功”欲望，助推了“好为人师”的市场。谦虚人吃亏，老实人没能力，“大智若愚”现今太难了。明代洪应明写的名著《菜根谭》一书中：藏巧于拙，寓清于浊，是涉世之宝。装得笨一点，拙一点，收敛一点，退缩一点，是做人之上策。今日看，并不过时。人心是杆秤，老子说的“大直若屈，大巧若拙”，多数人心里明白。懂得多，会得多，有能力，却能低调谦逊待人，必然被人尊重。世间除白痴外，人人有长处，互相学不尽。愿“大智若愚”者的憨劲，永不褪色。

多元化的人性外露——擅长表演

人与动物的区别是擅长伪装和多种变化的表演，并用此法应对和化解许多本人不情愿的尴尬人际交往场面。人生如舞台，为自身生存生活，每个人一辈子都在进行人性表演。人在不同场合可以有不同面孔，以多种面孔出现，是人与动物的不同。人乃万物之精灵，有高级思维活动能力和丰富情感释放的灵性之物。造物主已将人类造成了“极致”，作为精神层面的人性，既丰富，又多元。人性决定着人的擅长表演和多面孔本能。“喜怒哀乐”“七情六欲”是人的正常发泄和需求；装疯卖傻、刁钻古怪、阴阳怪气、逢场作戏、左右逢源、两面手腕、狡诈贪婪等负面演出，确有人在；正直无私、刚正不阿、天真无邪、傻里傻气、精明过人等正派耿直的聪明人也不少。总之，描述人性表演词汇太多太多。人外在表演受内在人性左右，人性多元化决定人的多面孔，擅长表演是人性的自然流露。

人有应对不同场合与他人交际的本领，就是善变、擅长表演。人的社会属性，产生参与社会交往的必要；交往技巧高低和能力大小，各人有差异。有人表演得自然、得体；有人显得笨拙拘谨，甚至露骨。社会人交往、各带目的：为利益交往是基本趋向；为情感理性交往是正常；为“义”交往是高尚；为欺诈坑人交往是犯罪，人有需求欲望是本能，人性需求决定人表演的目的，人性多样决定表演时的善变万象。通常，“趋利避害”是人表演的正当目的；私心重、欲望强的人，求他人帮助时，善看对方脸色下菜，不惜采用伪装讨好等手法，含有“骗取”的表演技巧；怀感恩心、宽容心的人，带善良之意与他人交往，先将对方利益摆前面。交往时自然透明、谦慎待人，最受社会欢迎；无私的人交往表演，刚正不阿、直来直去，心中无鬼、无须做作；“逢场作戏”，当面人话，背后鬼话者，多属不正派人之举。心怀坦荡，善良人性主宰的人，表演时真情流出，就无须那么多伪装。

“伪装”表演不全都是恶劣人性。善良人中，受同情心、怜悯心支配，对弱势人群，往往用善意谎言、善意举动帮助对方，是很可贵的。见朋友、同事、老乡等家中有难，悄悄为其寄款帮助；马路上遇危难人群，相救后而不留名；父母“拾破烂”挣钱寄给正上学的孩子，不会如实相告；回家子女不愿直面父母诉说自己工作和生活上烦恼，甚至用谎话回答：“我们很好！”目的是不让老人为自己担心。社会间，有教养和修为的智者们，多用让对方开心、高兴的语言和行为举止表演，不能说是“伪装”，而是人性的境界高尚。

人性善变，是利益和情感需要。人是实实在在的高等动物，又是情感中的人。人性真实表演太多太丰富，有时还自相矛盾，因为人是善于变化的灵性动物。人的精神情感复杂多面，反复无常，前后不一，丰富无比。人性还习惯在社会中攀比，看到他人纷繁多彩，自己又得不到，嫉妒、羡慕、面子等情感交织，燃烧自己的心态，让自身难以安宁。“羡慕、嫉妒、恨”是网络上的真实语言。人有自身安全需求，避免树敌，不愿吐真话，往往用应酬语言对付，也属正常。人性的习惯、爱好、性格各不相同，每人喜欢什么、厌恶什么都不一致。同一句话，同一件事，彼人可接受，他人却未必认可，甚至排斥。人性多样决定人的多种面孔；人若不能善变，都以直来直去面孔和语言相交，将时时处处伤害他人。

人性的多元化中，尚有本能的善良、怜悯、同情、正义、诚信等闪光之处。这些支撑着人性的本体。否则，人整天靠“善变”过日子，“墙头草，风刮两边倒”，无主体控制，随意善变人性是有害的。人是什么就该表演什么，古今中外，正直慷慨的人受欢迎；处事圆滑的投机者不受认可。善变只能在善意之内，善意的言语、行为、谦让，同玩弄“假把式”不一样。为少些伤害他人，善意合理的“善变表演”少不了。但做人还是要回到本真。“实事求是”是永远的真理。

“极端化”有背生命初衷

人生将近三万天活着的生命里，除去三分之一睡觉，肉体和脑思维是活动不休的。人们忙碌辛苦地折腾在谋生路上，以满足自身生理需要。不过，人的情绪心态等精神层面不能绑在肉体活动的轱辘上，跟着转个不停。身累心不能累。人的情绪、心态应保持平衡状态，紧张不停将导致精神崩溃。心态平和符合人的天真本性。人整天活动在找满足、找精神刺激的快乐里，肉体和精神都将招架不住。

人生存状态应与宇宙自然一样，平平淡淡度过才是本真。地震海啸、狂风暴雨的日子总是暂时；风平浪静、平稳安然才是时光的常态。人是大地产物，因有宇宙地球存在，才有人的诞生。人脱离自然规律另搞别样，会碰钉子；离开自然搞“极端”，有背人生命初衷。平稳是自然界物体的常规状态。斗争、变革是平稳被打破走向下一个新平稳的过渡、平衡稳定是目标。人生活在平衡状态中，才得以维持生命的正常。这种平衡既是外在环境平衡，又是人体内精神心态和肉体生物状态平衡。人应以平常心立足于世，

疯狂激动和抑郁沉闷只是生命中插曲，偶尔存在。这是人类生活的真谛。

社会现实中，吊人胃口的东西太多。五光十色、眼花缭乱、浮华虚幻的生命诱惑，随时激荡着人们不能安定的心灵。生活中方方面面的“极端化”愈演愈烈。物质生活改善，是人类的进步。但人们将自然科学快速进程的成果，移花接木到社会人文学科的人性上来，将造成对人生命的伤害。用投机的所谓“速成法”培养人们“一夜成才”；用“走捷径”路子，诱导人们快速“成名”“成家”……用某些激素，快捷催生催熟的动植物成果，套用催生人的生命成长。人们吃的果实谷物蔬菜个头越来越大，加工食品更加香甜，许多儿童吃成了小胖墩，这些果蔬都有害人们健康。只有少数人可以享受的豪华奢靡生活，成了普遍人唯一追求物质目标，忽略了人生命的多重需求。人类享受豪华生活的永远是少数。按马克思阶级论观点，有多数中下层人的劳动奉献，才可能让资本向少数人口袋集中。只不过马克思说的“剥削方式”改成今天说法：某些管理科技精英人才获利的高明手段而已。对劳动大众来说，等量劳动付出获得等量收入，永远不可能。人类都追求豪华，一是不可能，因为它只能是少数，它的存在是众多中下层人劳动价值付出，才有它的存在；二是人生命需求多重、绝非单纯物质富有。

用“极端化”诱惑社会大众，是对多数人的残忍。鼓励人们用正当手段、辛勤劳动达到生活提高是正路。屏幕上那么多少男少女喊叫“我要成名”“我要出彩”“快速致富”……刚从学校毕业的学生，还未尝过勤劳苦累滋味，便拍着胸脯面对父母：“我要发大财！”一些刚出道的年轻人，梦想着炒股发财、抽签中大奖，将发财动力放在“巧”“投机”和走“捷径”上，很少有人愿在平凡的劳动中取得。这种“极端化”思维方式，只增加社会犯罪率，不是人间正道。干苦活、脏活、累活的荣耀感，甚至变成一些人鄙视和厌弃的对象。

快乐与吃苦相连，富裕与勤劳相通。未经历痛苦，何来快乐？没有勤奋，哪来财富？苦中求乐是事物运动本质，“投机取巧”不是通向享乐的渠道。形形色色的“极端”，使人们的心态失去平衡。人们只愿想好事，不想坏事；只想顺势，不想逆势。“极端化”将常人的心念吊在虚幻不实的空中。难怪今天的年轻人，内心的纠结、抑郁、烦恼比以往多。正是高享乐、高豪华的极端生活方式引诱招致的心理苦果。“君子求财，取之有道”的东方文化，被资本主义不择手段的某些极端谋利方式取代，让一些人灵魂找不着“北”，不知何为“正”道。

“正常”是生命存在的常态。卫星发射顺利，监视人员总喊着“正常”“一切正常”；人从医院取出的体检单上，总写上“正常”或“超标”“不达标”之类。“正常”就是平衡。人身体不爽或生病，是某部位出现“不正常”。平衡使自然万物生长，使它们美丽而壮观。人和事物，平衡打破，就要出事。平常、平安、平静都是一种稳定。人是万物精灵，人心态失衡，必引来痛苦。人人有追梦和吃

苦的双重准备，才产生力量。时代沧桑，人性难改。幼儿就是幼儿智商，神童极少。多数人都属一般，拔苗助长反倒有害。人的生活需求和生命需求不完全是一回事。“极端化”方式可暂时刺激生活胃口，而人生命过程需求是平淡、平稳。国家富强是整体人口生活水平提高，重要是贫困人口生活改善，靠的是全民踏实奋斗。仅为追逐“奢华”走“极端”路子，有背人生命的初衷。

人生多半在等待中度过

人习惯等待，因为前面有希望。知道白昼一定会来，人就不怕黑夜漫长。“等待”是人对时间的消费。消费能带给人快乐，也带给人痛苦。人们对物质、精神文化、服务的消费，多为自愿购买，是主动消费。用钱买享受，是从享受中找快乐。钱和物都能储存，人们的这些消费集中或暂缓一下都是可以的。人消费时间则不然，在被动中进行，大都属无奈。人们随时随地都在均衡地消费着时间。无论本人愿意与否，时间不能储存，不可集中提前消费，也不能停止或退后消费。但它又成为活着的人必须消费的对象。度过人生的真实含义，实为消费时间，消费岁月，消费青春年华。人出生时消费计时开始；死亡时，消费停止记录。人亡故，讣告上宣布的“享年”，才是人一生真实的消费成果。为此，人生把看不见的时间当作真正财富，才是最靠谱。现实中，能理解的人未必多。“一寸光阴一寸金，寸金难买寸光阴”的古训，又有多少人认真思考并实施呢？只把看得见的有形“权名利”当作唯一财富，实在不够全面。

人在时光的等待中度过终生。一辈子希望“事业有成、健康长寿”的好结局，是大等待；平日有无数个具体大中小目标相盼，是生命里的中等待，小等待。等待中的人生体验有快乐，有幸福，有烦恼，也有痛苦。同时，有大事，重要事等待；更有小事，甚至无聊事等待。父母等待孩子长大成人、金榜题名，盼望孩子找个好工作，结婚成家生子，是时空长等待；盼亲人归家、朋友会面是小等待；人们事业中，希望某项工作、项目、任务出成果前也是等待。日常生活节奏中，每跨一步，前面都是等待。时光里的人生，对下一个时刻、第二天、下个月、下一年……无数时光等待，让人们既甜又喜、既苦又悲，时刻颤动着人们心扉。总之，人的无数欲望实现前等待总是幸福的，伴随人的反面设想，又可自找苦吃。人生等待还有另一面：亲人病后等待康复；家人入牢狱盼释放；灾祸来临等待早日消灾去祸……这类忍受煎熬的等待，总嫌时间过得慢，属痛苦的等待。为此，人生多在下一个未发生的时刻里，等待着找乐和寻苦。

人在等待中预测着成功的喜悦和失败的痛苦，是心态在“等待”的体验。欲望由心态产生，“等待”是“未知数”，“未知”即成功和失败两种可能皆有。心想着成功便欢喜，心想着失败就痛苦。所以，什么样心态决定着等待中的找乐与寻苦两样结果。怎么办才可减少这一起伏的心态颠覆？平常心、顺其自然为最好。减少带私心的欲望，增大善意的为社会奉献欲望。如此，人的心态平稳，心地正直，私欲不多，不在大起大落中等待日子，立马轻松随意，等待期望的强烈感就不那么强，也就是平常心、顺其自然了。无欲则刚，指没有私欲的人，心底强大，但带善意的为他人、为社会做奉献的欲望大，更能让人刚正不阿。这种人精神内在富有，对有形的“权名利”要求简单。这种人活在时间等待中的心地体验平和放松，等待中不为结果如何而拖累。人期望值越高，等待实现的心态越急迫、紧张，等待过程里的狂喜和痛苦起伏更大。赌博场上、股市上，少数赌注愈大，投资越多的人，等待结果的紧张、担心、害怕心态时刻相伴。狂喜和精神崩溃两种可能，造成其发疯癫狂，或者跳楼卧轨。

生活中用平常心过日子的人，在等待中不安和焦虑情结少，狂喜和激动时刻也不会多。平常心的人，不是心无大志、无所追求，而是遇事稳妥，注重精神平静。有精神追求的人，一般物质要求简单，这种人注意力在信仰，对一般事宽容大度，时刻处放松状态。以上这类人遇上难熬的时光等待，也会安然度过，咸淡两由之。

等待是一种享受，等待是一种甜蜜。古代称四大美事前的等待：洞房花烛夜、金榜题名时、他乡遇故知、久旱逢甘霖。那种想象中的良辰美景是人在等待中幸福。此外，等待是痛苦、等待是灾难，也常伴人生。亲人在临终死亡的现场等待，家人犯罪受审前的等待，死刑犯在被执行前的等待……那种等待是人心态的煎熬。这种极端心态的等待，有杀伤力，可将少数人逼得疯狂或精神被击垮。

顺其自然、平常心、随遇而安，多些精神追求的人，可以减少人们在时光等待中，心态被颠覆的大起大落。现

实中，绝大多数人能平平凡凡度过一生。他们对待生活不是消极等待，而是积极将该做的，尽力做到位。该付出的付出了，何愁等待的结果是什么？自然界社会运行中的因果关系是规律，多数状态下是能实现的。为此，等待中的不安往往成多余。真正的天灾人祸降临，坦然接受也是一种平常心。

“迟钝点”更聪明

招摇、急躁、敏感是人心理上锋芒毕露的另一种表露。有人触碰外界不认可的事物，或外界对自己的不认可时，立即敏感多疑，聪明挂在脸上，似乎他可洞察世上一切。疑虑的目光令人胆寒；这种人眼睛揉不得沙子，好像一眼能将别人看穿；同这种人说话，他往往高谈阔论、抢话头、亮观点、下评论。以自诩的“高人”“明白人”“聪明人”同他人过招。防备心理谁都有点，并忌讳别人对自己什么都了解，也不愿别人把自己什么都看得明白。一般人遇上前者，将退避三舍，不想交往。所以，社会上太精明的人容易孤立，更难交上真心朋友。

对别人敏感、遇事猜疑，或自许什么都懂的人，外界不受欢迎。这种人以为世界上都像他一样敏感，心理防备更重。“害人之心不可有、防人之心不可无”的民间俗语，似乎在理。不过它是特定环境下，君子对小人的心理设防，并非通用。敏感而自以为是的人，常把自己当作“君子”，外界人是小人，当然受不到外界的欢迎了。

日本情感作家渡边淳一提出了人的“钝感力”概念，恰好同这类敏感多疑的人相对应。一个表面看起来稍“愚钝”的人，心中有“钝感力”防护网，对外界袭来的所谓“害人之心”不会介意，受到点刺激也不会过于敏感，自然而然的“包容”“忍耐”“宽恕”之心就产生，造就了人“钝感力”的基础。“迟钝点”有内外两层含义。一是外界他人对自己的稍有刺激，内心不必反应过度。有了此心，就会先有一个对他人善意的动机，不把世界上每个人的行为默认为恶意。社会上数不清的人，每时每刻都有着和你一样的心理活动，心绪在跳跃，好的、坏的，都与你无关。不可把自己看得太重要，你不是别人的救世主。世界外人的心情反应，一般不是针对你的。你自发的心理敏感，猜疑成多余。人有了“钝感力”防护网，就活得简单多了。即便真有些流言蜚语对你，你也会镇定、坦然地面对。有“钝感力”的人，遇到不痛快事，不会太在意，便能很快忘掉。因为来自他人的讥讽，内心会琢磨；认为对的，能变成良药苦口；错的，不予理会，付之一笑而已。“钝感力”强的人，对已认定的目标，勇往直前，失败了也要另寻出路继续挑战。这种人情绪稳定，心理坚强。“钝感力”强的人，面对外界来的赞扬、夸奖之事，不会那么得意忘形。总之，有“钝感力”的人，遇上好事坏事，都能坦然受之，始终保持一颗平常心。从哲学上讲，这种人找的是心理上的“平衡”。心态平衡的人，心理承受能力强。

为人处事“迟钝点”不是愚笨、呆滞，更不是以“强忍”心态应对外界入侵。这种人是善意、大度、坦然、镇定；是自信力很足的精神内守。浅薄的人容易敏感。而有“钝感力”的人即便知道对方算计人的目标强烈，仍表现沉着淡定，更不会敏感到当场揭穿。这样，自己内心宽松，反而更加自信。如此做，有时能让对方受到“善意”影响，自感愧疚，甚至对你产生感激之情。人都有善恶两面人性，通过交往接触，视环境而改变自己的大有人在。大智若愚一方，可让对方释放出善意人性来，这是人性的感染力。“近朱者赤、近墨者黑”，便是这个道理。这是用环境激发人性改变的因素之一。人带点“迟钝感”，人际间相处环境可大有好转。社会和谐，彼此友好相处，是人的美好愿望。“礼让三先”不是礼让的人吃亏，而是礼让者的人格高尚。这是社会盼望的一种风气。

“迟钝感”与“精明算计”的快速敏感相对立。后者似乎处处不吃亏，但将失去外界和他人信任，容易成为无二次再交的朋友。“迟钝感”看似外表吃点亏，忍让些；但赢了自己内心安定，赢了做人的成功。“人在做，天在看”，虽不是真有上天在看，众人心中迟早会有数的。人发出善意，内心一定安然自在，也不是让人看的。有“迟钝感”的人，处处给别人让路，看似几分傻气，实际内心是“明镜高悬”。迟钝点的人更聪明。

“忘我点”，心中多装些他人世界

一个总放不下自己的人，容易将本人与外界他人进行价值对比，还常放在不客观的天平上。人性本能的“放大自我”箭头，喜欢偏向己方。做个胸怀天下的人，的确不容易。世界上最难讲公正的地方，是自我与他人利益纷争，情感纠结，观念是非的评判时。只有在无自我利益介入时，参与是非评判，才容易获得公正。这是人“自我性”的通常表现。

人用“忘掉我”替代“只有我”，放不下自己不仅很难，也是件痛苦的过程，造物主降人于地球，天生注定每个人都为自己活着，为自己能混得像模像样而立世……人生成的各种欲望，都围绕自身在转。这也是有高级思维活动的人类，区别于简单思维、本能生存动物的显著不同。它是人天然求生、趋利避害、追逐优越永不停止的人性本能。改变“放不下我”，太重视自己的人性，必须在后天用前人创造的文明社会属性为武器，向自身捅刀子，修炼觉悟才可。经历过 20 世纪六七十年代前，有着崇高信仰的共产党员们，定有亲身体验和经历。那个年代把“自我革命”“斗私批修”“拿自己开刀”等党的民主生活会口号，让其他同志帮助在自己灵魂深处闹革命。每周党的生活会上，人人敞开心扉，个个暴露自己，都说出自己见不得阳光的阴暗面。凡内心有过的，思想闪过的，只要有灵魂一丝不干净的地方，都必须和盘托出，并请他人帮助批判，分析提高。这叫狠斗“私”字一闪念。当时，清除私心杂念的民主生活会、没有人不冒汗的。今天想起来，那样的民主生活会实则是叫人“忘我”。也就是“革”每个党员“私心杂念”的命，达到灵魂净化。那种会的目的让大家“一心为公”，让共产党员真正做到“心怀天下”。今天听起来，似乎有点让人胆寒，但是事实，是历史。社会效果也是显现的，那时官员贪赃枉法、徇私舞弊的很少。不知什么叫行贿受贿，什么叫腐败。虽然当时国家物资匮乏，但官兵待遇差别很小却是事实。

从人类文明进步和民主意识提高看，今天比过去进步。因为保护人隐私、用事实说话、尊重人权、防止打击面扩大的民主观念增强，是符合人性要求的。不可用20世纪六七十年代“革命”的办法，套用到今天。历史就是历史，社会总是往前走的。当然，多数经历过的老一辈人，也不会因那样经历而后悔。引用上述事例只证明另一层含义：人的心念、思想意识，可以在文明先进的文化里，得到修炼和提高，且以自我修炼觉悟为主。那时的“洗脑”之后，人与人之间关系和谐亲近，一人有困难大家帮助成自觉。

人们之间无戒备，互相关心，“人情味”很浓，成了无话不能说的时代。那一代及之前共产党员信仰的确很强。一切都是历史，今天抽出一条，只想证明：人的思想观念心态可以通过信仰而改变，信仰制约人性。

悟出一点的是：把自我内心亮出来多一些，忘掉自己就进一步。这种“忘自我”的办法，未必是向群体暴露自我的办法。每个人通过看书学习、实践锻炼，以宽阔的心胸，看世界的广大、社会的精彩、他人的多样……大大的时代与小小的我不成比例。山外有山，天外有天。宇宙自然的能量无穷；社会力量巨大；人类智慧超群……我又算个啥？沧海一粟、地球上一粒尘埃。缩小了自我，放大了世界后，自觉淡化了自己，就是最有效的“忘我”。人不学习，心胸受狭隘限制，“自我性”便更强，“唯我”分量便大。这种人，外界他人在她脑子里没有位置，唯有自己“独大”。人性的生物属性强烈，社会属性便弱化。

人是自己，又属于社会。自己与社会比，微不足道。人的心胸多装些他人世界，社会就更加和谐。人如果只生活在自己的小天地里，将一事无成；人要融入社会，让他人接纳认可，必须矮化自我，谦逊待人。人忘掉自我，融入世界，心态就天高地阔。人“忘掉我”不是吃亏，而是更受社会他人尊重。人人都能这样，这个世界将光明无限。

多数紧张是自找

人喜欢轻松，却又自找紧张，是人性向往“好事”与随性由使的矛盾。一个遇事不分大小，不讲轻重缓急的人，容易紧张喊累；一个事无巨细，事必躬亲者，也会紧张叫累。少数贪欲无止境的人，被名利浮华所绑架，牵扯在身心不能安定的路上，紧张将其折腾得疲惫不堪。紧张喊累和轻松自如两种生活状态，由生活工作中的因果注定。人在谋生路上，每天必有一堆事情或不同的人际交往面临。一堆事中，有的必须办，有的需应付场面；有情感交际，更有亲情托付；有事先计划好，也有临时突发；有马上急办，也有可缓办，有些也可不办……作为逃脱不掉的人，都得面对处置。面对办事，也是考验处置者心态、智慧、能力及方法技巧的时候。有人识别面临事物性质的能力不够，眉毛胡子一把抓，一切迎战。先付出行动，干了再说。这类人是来什么、干什么；来多少、干多少。这种人通常态度也好，就是思维逻辑简单，来者不拒。推脱不了，只用自己身躯和大脑应对，直至刻苦奉献，任劳任怨，精神着实可嘉。这种人心理上

怕完不成，完成不好的紧张心烦劳累之痛，却让其十分痛苦。有的人相反，面对各方面繁杂之事来临，先用头脑分析评判，将无序的事情分出大小、先后、轻重、缓急，再按照急、重、大、小顺序出牌。先干什么，后干什么，再干什么，不干什么……有板有眼、有条不紊、事理清晰。这种人做事会感觉轻松，也不会紧张，办起事来往往事半功倍。同时不会喊累。可见，生活中紧张与轻松都是自己为自己设套。一般情况下，紧张未必来自客观外界，而来自主观内心。

生活中，对一些人和事放心不下，唯有自己过问才放心。这种人一进办公室或家门，同样有外界的、他人的、自身的许多事袭来。他有大无畏精神，来者不拒，都要自己办才放心。虽然八方应对，累得够呛，也不愿委托他人去办。这种“唯我是能”，是自身揽来的紧张，自找的累。这样人，带“长”字的较多，尤其单位一把手，家庭一把手，对身边副职或他人办事，总是不太放心。凡事事必躬亲，总认为自己亲临现场才保险。表面看，勤劳尽业，辛苦有加。实则，自信有余，心无他人。再深些探究，与“猫腻”有无关系，就不得而知了。为其扣上“独断专行”帽子，还不如怀疑其能力行为欠端正。这种人也往往喊紧张叫累，夹杂着摆功劳含义，更是自找的。

紧张是人精神心态的绷紧、急躁而慌忙。紧张感在人身上发生短暂为正常，是生活中的调味剂，对生命中的懒散或悠闲注射一下“强心针”很有必要。如果一个人长时间内处紧张状态，就不正常。紧张让人身心恐惧难熬，更有害人的生命健康。人们倒拧一下生活紧张的弦，可获得轻松。现实生活里，处处有竞争，时时搞评比；竞争是比赛，评比招来紧张。人性对欲望满足和名利计较从来很认真，就本能地走进紧张。拧松生活中紧张的弦，不妨在自身无止境欲望上下手，做到有点止境，或适可而止，差不多便刹车。学会在追逐欲望的拼杀中能进能退，即时罢手或放下。在有形物质索取上，设个底线，够生活花销或者有些积余便好。并非越多越好，无限膨胀。人能将追逐物欲精力分流些放生命休闲上，让生活轻松些，就是在拧松生活紧张的弦。此时，人得到的往往更多，它是看不见的精神内在丰富。具备了这两条，可以活得轻松随意、远离紧张。人生最难是“舍得”，佛家将此当作很高的修行文化。找轻松另一渠道是在多学习多实践中增长智慧，学会“识人”“识事”，看穿人间世事本质、真相；学会认知诸多事情中重点和一般，主次和轻重。有了这种智慧，会轻松自如地把握事物矛盾发展的主要、次要方面，就用不着那么紧张、能有效有序应对一切。人自然轻松下来。

人是崇尚自由又热衷于悠闲的灵性动物。忙碌紧张为获得欲望满足，不是人生命本性；轻松自由才是人本性向往。轻松点活着是人最大智慧。给生命留点“空白”，才可让人的精神自由飞扬，人轻松是心灵的轻松。“心”若沉重，弯腰拣个芝麻粒都费劲，“心”沉重，迈出一步腿像灌了铅。“心”轻松，搬筐煤上楼不觉得累，人就是这个“怪”物。

超脱处世

从永无完结的繁杂事务中解脱出来，是人生一大难题。“人生多难”，即人生注定要应对来自多方面各式各样难题，以及繁杂的事务和人际关系，达到获取生命欲望的满足。单从这点看，人将终生与辛苦结伴。有应对就有付出。任何时段、不同类别的大小、复杂，可预见或突如其来的事情，都可能降临到每人头上。许多情况下，被接受的人躲不掉，推不开。当然，一些事情也不愿推开，因为这些与你的欲望取得、情感交织、困境摆脱等相联系。不少，还是你主动将这些事揽来的。既如此，遇事办事，遇难解困，成了人生存生活度时光的乐章。它是人生命的一部分，属于生活的重要内容，是生存的必需品，人生一辈子，不在办事中度过，就非人类，而归从不主动创造生活资料的动物类。因为动物最多是寻找食物，趋利避害等本能的自身保护动作而已。它们只能在弱肉强食、物竞天择的大环境下度过一生。为此，人的烦忧劳累是正常的人生。

减少内心不平，把世界存在看得合理一点。这个世界，好的坏的、美的丑的、真的假的、善的恶的、正的反的、实的虚的、富的穷的等多种组合同时存在；不好不坏，处中间状态的也随处皆有。社会组成由五颜六色、繁华缭乱、多姿多彩的各路角色共处。只想纯粹正面存在，排斥反面不现实。宇宙自然和人的规律也是“月有阴晴圆缺，人有旦夕祸福”，何况现实今天的人类？对应统一规律存在于一切事物中，世间无清一色的好，也无全部的坏。这就是世界组成存在的合理性。事物构成或不一定合法，但它合理。从这一角度看，上苍安排一切都是合理的，因为所有事情的“果”，都由原先的“因”注定。人看透了这一点，见坏人作恶，便不感奇怪；遇好人相助，应予感恩。这样，内心处事的不良情绪大为缓和，也不易生出不平之怨。

身在尘世中奔波忙碌，心在事务外飘逸悠然。办事及人际交往，受心态支配；人欲望决定办事动机。人们处人办事必须付出体能和心智的代价，劳累辛苦是付出代价中的派生，用代价付出换回的酬劳成果，又让人内心平衡无怨。这是人付出劳累辛苦与欲望满足间的互换平衡。正常情况，多付出多得；少付出少得。这是劳酬平等的交换规则。人为满足欲望付出的辛劳苦累中，最不平的是破坏规则，付出多而获得少。怎么办？理论、申诉，讨回公平都可以做。但主导人的心态要坦然，把世间不合理、受欺侮看作正常，少生气、少抱怨、少不平。这样，人身在处置这一不公平之事，心却超脱于事件之外。心不受此事牵连，身累心不累，对生命伤害便小，这是“超脱”的魔力。反之设想，恶人

不干坏事就不叫恶人，出现不公也是正常。何况人一生也会遇上一些便宜和好事的。

人肉体劳累未必是坏事。人体不动，肢体退化，有害健康。因为人属动物种类，躯体部位久闲不动，必招疾病缠身。人不必把肢体付出的劳累看得太过。许多健康长寿老人，靠的就是肢体终生找累，只要不过度。关键是累身不累心。带着愉快情绪干活，往往在享受劳动过程的快乐，不觉得累；用烦闷心情做事，越做越累。人人都应该体验过。可见心情支配躯体活动的重要，这便是心的超脱。处人也是这样，把人性看透，与对口味人交往，顺畅愉悦；同不顺眼的人交往，心中有数。即便让对方占了便宜，识别了这个人品，再无下回，也是好事。识别了一个人就是收获，也是心的超脱。

中国儒家文化中，孔子讲“入世”，老子讲“出世”。“入世”即把现实中人际交往、办事的“礼义”“等级”“规则”讲得透，知晓处世的艰难重要。社会发展的今天，已不必再照搬硬套。只在现实的世界入世，重点做好自身，是实现人性欲望的自然。道家论“出世”，讲在凡尘的现实世界里让“心”超脱。遇事再复杂，身再累，只要“心”平静，立马轻松许多。不为物役所累，若能做到庄子的“乘物以游心”，心游于天地间，便是快乐。今天，我们生活在现实的物里，而心超脱在物之外。心怀善意、宽容大度，处理实事时累的感觉会减轻。这便是超脱出世。人们入世，就是认认真真做好工作；出世即心情轻松愉快，超脱于物外。

简单生活

人类进化后，有较长一段时间生活在闲散的农耕社会，过着闭户自守、自给自足的半温饱日子。社会运转发条总是越来越紧，由两大因素促成。一是社会发展进步及财富的增长导致人们对财产集聚占有和管理的忙碌；二是社会化生产，人们相互依赖、联络、协调更加紧密。主导和推动社会发展前行的人类，既是社会紧张运作的推手，又成社会运转紧张的受害者。社会快节奏运转，人类快节奏行为，导致社会生产力快速提高；社会整体财富加速积累。财富占有者，一是国家集体公有，另一是社会成员私有。无论这些社会财富归属如何，紧张的都是人。人类“占有欲”本能存在。管理国家上层人物有两类，一类代表大多数民众利益优先的领导层，在协调阶层利益平衡外，财富分配重点倾向于社会中下层，填补缩小渐大的贫富差距；另一类代表大资产阶层利益集团，打着狭隘的“人权”“保护公民财产”幌子，为少数财富集权占有者说话，甚至用战争手段，掠取海外财富归已有。富有者为积聚更多财富忙

碌；贫穷者为改变生活状况忙碌。人们都高速运转在“欲望”的纽带上，难逃生活紧张的劳累。饱受生命之苦已成必然。

人非机器，机器运转不停后加些油，调调修修，换个零件继续运转；人不能连轴转，人活着既享受生命，又享受生活，有劳还得有逸。人们紧张主要由“贪欲无止境”的人性带来。追逐名和利及奇怪的情感纠结，是产生紧张根源。明明知道过分物欲奢侈为多余，莫名的情感无必要，但却拼命往里面钻。正如法兰西散文家帕斯卡尔在《思想录》中说的，人是一切事物的判官，又是地上的蠢材。人性高尚自由，向往幸福。奢侈生活是人生多余，与幸福关系不大。因为人生需求实在有限，对幸福快乐要求是“简单”。世界上好多需求是“资本”为赚钱而制造出来的。奢侈品不是人的需求，而是资本的需求，人快乐是干自己喜欢的事，用紧张复杂勉强的付出，换不来人性自身多种多样多面的精神需求，更无法满足灵魂的安逸。紧张只可带来财富的增加，紧张过头，便是对人精神需求满足的挤占和伤害。

社会整体运行紧张是环境的现实，停不下来，人可做的是减少环境紧张对人的伤害，能改变的只能是自身。人们从环境紧张中寻超脱，从紧张中找悠闲。人有这种选择能力，关键调整人的认知观点，调整心态。从人活着的生命目的上找答案。人活着既有物质满足需求，更有精神灵魂轻松的情感释放。人们用超紧张换取财富，只为生活奢侈，忽略了更重要的生命，单个人财富过度，作用不大，甚至成累赘。社会财富积累越多越好，既可向贫穷低层人群流动，又保证国家强大安全。单个人钱多生不带来，死不带去，佛家有句话：多了钱不要一个人花，因为天下还有那么多人。虽人境界达不到，但慈善总要有点。尘世间所有物种都有自己意愿和归宿，什么都不属于你。

人生命需求是整体、大局，生活只是局部。人要活得抽象一点、洒脱一些。不必那么事无巨细就轻松了。“删繁就简”，不用紧张。简单生活是人生真谛。把人生投入环境的力度进行分解，有了轻重缓急，先后顺序。将自己人力心力投入设一底线，物质基本够了即可。将事情分成先办后办，虚办实办，躯体劳碌而心态坦然，就可将繁化简单。忙里偷闲核心是心态简单。世间没什么事的重要性大于对自己生命的重要。紧张忙碌之前先问个目的，许多事看似紧张，有那么重要吗？与自己目的对上号的，属自愿，干起来有劲头，便不觉得累。从社会喧嚣中求心得安宁，也是删繁就简。

人世间随处有可让自己成休闲港的地方。把世界看得简单，自己心就简单了。庙中故事：小和尚问老和尚：“街上人来人往，车水马龙，人为何那么忙？”老和尚回答：“只为两个字：‘名利’。”悟透“名利”只关乎生命中一小部，不是生命全部。看透世事本质，一切就简单了。生活太细，有背人性本然。人有欣赏一切的能力，有潇洒度时光的雅兴，生命中留点“空白”，让人去品味。实际生活就是那么简单。简单生活是一种大彻大悟的平和，去掉生活中的浮躁和奢望，返璞归真，心静如水，无怨无争，你的心便简单了。

众口难调——由人性多元化注定

人的思维、认知、爱好、习惯、情感等各不相同，但许多方面又相似。这一多元复杂的人性，注定人群相处的难度，但又必须相处。由此，产生人类社会制度管理的多种形式。以单一或众多民族分布组成了国家；一个国家内，党派、行政机构、社团、企事业等分支群体设立太多太多机构。凡是机构，必设管理层。各级管理层负责人，分别领导着部分或众多人群大众，同时制定出相应的管理规章、制度、法令、条例、纪律等约束条文。通过制度管理、约束众多人群的人性异同，达到组织和机构内的统一，以便集中力量投入到各项事业。

统一多数人的意志观念比较难，因为“众口难调”。人人有自己的思想、意愿、看法、爱好和习惯差异，随众人各行其是不可取，只能由组织领导层集思广益，统一大家意志，才可整合力量，一致推动事业的完成。难就难在统一上，协调统一是考验领导层的能力和水平。通常意见不一致出自“众口”，上面要往东，他偏向西，领导层先拿出来意见，A说“行”！B又说“不可”……这种通常的“不一致，难统一”，几乎渗透到各级和所有机构的全部。群体意见难统一，无处不在，无时不有。“公说公有理，婆说婆有理”的群体议事决策现象，伴随人类从起源发展至今。

“众口难调”是单位团体领导层对下属无奈抱怨时的感叹，也是群体现象的常态反应。为什么是常态，由人性复杂而多元化注定。“众口”即“七嘴八舌”，由人生物属性主导的自我反应，受多重人的本性和各自认知能力决定。人性的“固执己见”“不轻易服输”是常见的人性弱点显露，对同一问题理解多样，受每个人认知能力影响。人性复杂多元，决定“众口难调”的意见分散。

人民群众是推动历史发展前进的动力。进步最终都会战胜落后，因为社会进步光鲜的一面永远有吸引力。社会真理定是最后的赢家。和谐、幸福、富裕社会总受到多数人认可。在这一逻辑下，层层机构团体最后必须寻求统一才可办成事。求“统一”和“众口难调”是永久的矛盾，如此，领导层调查研究，摸清群众“口味”协调统一是关键。众人“口味”有不同，也有相同，在与上级意图“对上号”下，集中相同“口味”的意见，推行时会顺畅得多，人有个性面，也有社会属性面。统一决策符合多数人意愿，且与国家团体大方针一致，就会产生群体“服从”的善良人性。正义的能摆上桌面，阴暗的难见阳光。一些宁折不弯、固执己见人群在大势所趋形势下，也会选择“服从”

的。因为怕被孤立、趋利避害本性会顺势向“正义”屈服。有这种协调能力的领导层可是不简单。

“众口难调”必带来泛“民主”要求。谁都想形势按自己意愿走。人的“固执”属本能，未到万不得已不轻易服输是人性主观产物；人的“是非观念”产生于自发。这两条是监督各层级领导独断专行、滥用权力、搞腐败、脱离群众行为的一根鞭子。人类从封建独裁专制社会发展到今天的进步社会独立，始终离不开民主的跟进。“民主”是褒义词，而不是贬义的。事物皆有两面性。民主若被滥用，代表多数群众利益的“真正民主”和追求少数自身利益的“假民主”便容易混淆。为“众”还是为“己”，都可举出“民主”的牌子。

民主不在形式，更在实质。人性是自然生成，存在真实和“表演”两面。人是自我的，不能离开社会约束。否则，会放纵得难以收拾。人类社会发展进步由人的社会属性带来。为众人着想的仁爱、宽容、感恩，是人社会属性释放。是社会文化、先进文化的至宝。任其“众口难调”的泛“民主”，有可能将人倒退到生物属性层面，人将不成为“人”了。“真正”的“人”是最高尚的称谓。民主是形式而非目的，关键看实质，为多数人，还是为少数人，社会和谐是目的。管理者能将“众口难调”变为“众口可调”尊重多数民意，大胆集中，协商下的民主才是正道。

“马泰效应”与物极必反

西方学者马泰研究发现，一件事物发展趋势是：越好便越好，越坏便越坏。现实中这类现象普遍存在。在无外力作用干扰，富人财富积累基数越大，积累速度越快；相反，贫穷者越想积累资财，越是无望。越穷便越穷。人才成长，天赋差不多的两人，后天知识积累越多，成才越快；后天不努力，知识贫乏，成才越困难。人体某些恶病，无医生治疗任其发展，趋势会越来越糟，最后速度加快，病入膏肓；一个病体恢复的人，治疗正常，恢复速度加快，会越来越轻松。即“病来如山倒，病去如抽丝”。中国两千五百年前道家老子提出“物极必反”“月满则亏、水满则溢”“福兮祸所伏，祸兮福所倚”等观点。即任何事物发展到极限，必走向反面，这一观点在自然界、社会也随处可见。古今中外历史，无一由帝王建立的王朝是永久。都经历过建立，推翻，再建立，再推翻的历史更迭过程。每一社会制度建立开始，通常开明，百姓拥护。经济学上叫生产关系适应生产水平发展。但制度统治若干年后必然出现不适应。如

统治者改革调整跟不上，旧制度将容易被颠覆。因为活跃的生产力水平走在前面，它受到束缚后，生产关系不适应，旧制度会被推翻。自然界中，春天里植物花的开放过程，先有花苞，微微开的花蕊，再到盛开怒放，最后嫣然落去……有花开的美丽，必有花落的凄凉。“怒放”便是衰败的开始；人生命过程，以弱势婴儿成长到少年、青年，壮年是高潮顶点，而后开始衰弱至老年，直至生命结束；太阳、月亮、冷热、白昼天体运行的年、月、日中转换，都是从无到弱，由弱到强，从强到弱，再到无的循环过程，被人们感受着；宇宙、自然、社会一切事物永无定点，永无定时，正反转换走向下一个新生无穷才是永恒。

“马泰效应”和“物极必反”是一件事物发展趋势中，“个别”与“总体”的两个方面；微观与宏观发展的各自现象。“马泰效应”是事物发展总过程里的阶段趋势，矛盾的量变现象，量变是渐变的。“物极必反”表明一件事物整体变化现象和趋势。即“肯定—否定—再肯定—再否定”的无穷规律。事物平衡是相对的，暂时的。事物在对立统一规律中新陈代谢。“马泰效应”是事物“质”变前的“量”变现象；事物量变过程是渐变，往好的方向、其中好的成分占主导时，随量的增长而好的越发增多；若坏的成分占主导时，也会随量增长而更坏。总之，“马泰效应”指量变，“物极必反”指物的质变。二者一致，区别是阶段不同。

事物矛盾运动中，人类更适应平衡。人在变革不停和极端环境中生存，内心总不能安宁。世界上一些国家长期战乱和动荡不安，大量难民潮现象即如此。人们在规律面前不能束手就擒，应发挥主观能动性，根据“马泰效应”和“物极必反”规律，保持事物发展环境对人类更多适应性，可从两点着手：首先变革一个社会制度或调整一件事项时，多用“软着陆”，太剧烈的“硬着陆”，方式极端，人们招架不住，苦难增加；其次变革成本尽力缩小，相对平衡是社会稳定器。管理层应集中多数群众意愿，预测评估后，取得成功把握，带领大家实施。虽有必要的成本付出，但小得多。暴力手段，极端方式是万不得已的行动。避免和减少“物极必反”事件这种损失的发生。尽力利用好“马泰效应”中量变规律，事物在好的方向发展时，让事件保持长久些，好事慢享受。人们多呵护维持事物好状态，少干扰或破坏短暂的正方向平衡；反之，一件事物往坏方向变革时，快刀斩乱麻，速战速决，让动荡的不好过程快点结束，人们少受痛苦。这两点符合人性需求。西方有人研究：一个人一次捡到50元的快乐，小于先捡到20元，后又捡到30元的两次快乐；一次丢失50元的痛苦，小于先丢失20元，后又丢失30元的两次丢失痛苦。

人类追求美好、安宁、平衡环境是永恒。利用前面同一矛盾不同阶段的规律现象，力争较长久地守住好的；用科学方式，适应人性需求，较快变革差的，起正能量推动作用。

生命本无悲伤

人与有生命的生物一样，都是地球上物种之一。因天然灾害或人为过度利用开发，地球上总有一些物种每年不断减少或消亡。六千万年前恐龙灭绝即如此。现今许多小的生物种群消失已不计其数，且有加快趋势。地球物种减少灭亡，天体照样斗转星移。春去秋来，寒来暑往；四季转换，日出日落，一切依旧。从生命的公平度看，世间所有活着的生命体，都应享受平等。但弱肉强食，生物链条的野蛮，又置众生命无法平等。因为从猿进化而来的人类，是所有物种中的强者；人类才成为地球的主宰；成改造自然和历史前进步伐的推动者。人是动物但又超脱于动物的特殊种类，是因为人有精神思维活动，情感表露，人的心态和信仰造就了人生命的意义。为避免人类间互相伤害，才提出了人权为大。而被人享用的动物，就不会提出什么“猪权”“牛权”“羊权”的。人的意识情感，造就了人“喜怒哀乐悲恐惊思”复杂无常的流露，由此才产生对生命的悲伤，是有思维人的情感释放。放宽眼界，从大自然生命中生生不息的物种看，人仍然是众多物种中之一，都逃脱不了出生和灭亡的规律。为此，悲伤只是他人对个体生命消失的哀叹伤感，是存留活人的悲伤，消逝者本人并非感知。人们对像地震、恐怖袭击的群体人群消亡，未必感觉过度悲伤，大多表现为震惊、沉默、不语……这便是人情感的奇妙。

人性情感表露千变万化。天上的云、少女的心、说变即变。人在悲欢离合时，有痛不欲生、悲痛万分；狂喜致极、欢快不已；难舍难分、情意绵绵；兴奋激动、欢畅无比等多面孔的无常情感表露。人际碰撞中，求人或被求，可以卑躬屈膝，讨饶求拜；趾高气扬，目中无人。人恼怒时，怒火冲天，气愤无比。人有怜悯心时，解囊相助，在所不惜。人还可以为朋友两肋插刀、肝胆相照……人情感表露亲情间更多。父母对子女：关爱有加、无微不至、心甘情愿不计成本；子女对长辈，孝敬为根本。悲伤一般发生在亲人间离散或遭遇不幸时，极度痛苦伤感的情感释放，出发点应受到敬重和同情。不过对伤感对象已无多大积极意义。因为生命无常，离去的人已不知晓。人之间，尤其亲情之间，爱心应该永恒。亲人离散、不幸、伤感、悲痛很正常。但更加重要的是将那份炽热的情感和爱心前移，移到生命相处过程中，将更有意义和价值。爱和被爱者都能亲身享受到。

爱心前移，人之间关爱多放在生命活着的时候。被关爱的弱势老人，深感亲情温暖，反倒有助生命期延长。世间最温暖是人间情感。物质科技产品保暖，远比不上人之

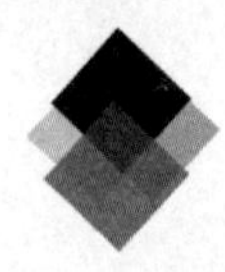

间互相体察的情感温暖。婴儿躺在母爱怀中享受的温暖，远比躺在保温室的床上深切；老人受到子女直面的温情关爱，远比子女只提供优厚物质享受更需要。这是生命受到亲情关爱的神奇魔力。将悲伤化为至爱，比亲人离散时呼天喊地哭喊强百倍。爱和被爱让活着的人亲身体验到至高无上。离别后的哭喊，离去的人听不到，体验不到，是让其他活着的人看的。有时，是悲伤者情感内疚的抒发，对离去的那个人反倒无多大关系。

人生命短暂，生老病死是人生命代谢规律。新生命替代旧生命不可抗拒。为此，个体人的生命终结，从哲学范畴看是让位。旧的不去，新的不来。旧生命没有死亡，新的生命在地球上将无立锥之地。推算一下，地球上人类进化若都不死去，还堆得下吗？死去的人比活着的人不知多多少倍。道家庄子老伴去世，他立村头敲盘击鼓庆贺，别人问其原因，庄子说：有死就有生了。伟人毛泽东生死观淡然，有次在杭州宾馆鱼池边自叹：鱼儿、鱼儿，我毛泽东一生最爱吃鱼，对不住你们。据说他还对身边秘书说过，我毛泽东死后，你们开个庆祝会，说毛泽东死了是辩证法的伟大胜利。

一个通透哲理的人，对生命必看的淡然。在生命规律面前，在地球物种更替面前，人和其他生物一样，生命本无悲伤。

人的“命”和“运”

古往今来，多少人习惯将自己人生境遇拿到“命运”上说事。弄潮的幸运儿感恩天赐“命运”的庆幸；生活中的失落者诅咒“命运”的不公。人的“命运”被往日历代社会统治者上层利用，当作奴役和愚弄人民大众头脑的“生命符”，直至归入宗教信仰。如佛教的宿命哲学：“人的命，天注定。”今生、来日轮回，上辈子安排今生现状。“人生注定论”渲染到民间即：“龙生龙，凤生凤，老鼠儿子会打洞”。看出统治者试图维持自己永恒权力的用心良苦。用“命运”一套麻醉底层民众的心，是封建统治阶层妄图长期，统治人民的幻想。皇帝老儿自封上苍授予的“好命”，子子孙孙都是“皇帝命”“天子命”；百姓受苦是命中注定的“苦命”。佛教文化中的“宿命”，指人的“因果”延续，教人勿做恶事，多做善事，以免下辈子遭报应。这对社会人教育有益，同封建统治上层“宿命观”目的不是一回事。

人类认知随科技进步，先进文化发展而不断提高。从生理和人性看，“命”是一个人的天资、特质、性格等遗

传基因，再加后天勤奋努力；“运”是一个人的机遇及外部环境，统称“命运”。它往往左右一个人终生事业成功还是失败，幸运还是倒霉，有建树还是平庸。有人理解：“命”是必然的，难以抗拒的，只能随之认命；“运”是运气，是机会，碰巧，偶然，可遇不可求的。由此，“命运”成了一些成功者的自信和必胜的说辞；反之也成一些人自甘失败找推脱的理由。前者为此可以自豪“命运”的眷顾，当仁不让；后者成为不成功人士哀叹“苍天不公”的客观理由。由此，“命运”成了束缚人们手脚的无情绳索。世间，人是主体，还是甘当“命运”的奴隶？人不要在“命运”的阴影下，成了自己捆绑自己的绳索和工具。从哲学看，“命”和“运”是事物必然和偶然的矛盾统一。“命”是必然，指客观不可改变的一些人性特质，遗传因素等生理痕迹。但“命”也是一辈子可以不断修炼提高和完善的。“命”包含先天和后天两部分，后天的勤奋努力更加重要，管一辈子的作用。人性的社会属性提高，就是在改变自己的“命”。一个人从小学知识，养成好习惯，培养好性格，多在实践中摔打磨炼，刻苦学习人类先进文化知识，增长智慧、感悟人生，内在富有、品格优秀。这就有了最好的“命”。这种人是生活中的强者，用不着盼望“机遇”，而好的“机遇”“运气”定会找上门来，光顾到他。这也是“运”对“命”的反作用。核心是这种人后天勤奋随即拥有实力改变自己的“命运”。“实力”是最好的“命”，把“命”握在自己手上，“好运”就来了。“命运”往往有均值回归。“富不过三代”，无论穷困或富裕的程度离平均中轴线远多少，都有强烈的动机回到均值，没有人永久地富下去，或穷到底，其趋势回到均值的关键，在人自身。

人类生于这个星球上，做自己的主人，才不失为真正的人。人将自己置于被动角色，把客观当主体，听命于客观，才是最大的人生失败。这个世界的文明所以存在，因为人类书写了这个世界的历史与文化。人是主体，地球上才有这样和那样的故事，千姿百态的繁华和艳丽。人先天只是继承祖辈一些客观的生理遗传，更重要的是后天在用人类先进文化熏陶自己，得到成长完善。客观讲，遗传基因差异对人有影响，但后天努力能够克服不利遗传影响，难度虽有，并不是不可为。社会现实中，贫困农村，遥远边疆，教育资源虽不足，也能造就出人才；电视报道一农村不识字妇女，用良好勤俭习惯培养出四个子女全考上了名牌大学；一线城市北上广许多精英人才并非出自教育世家或经济优厚家庭，来自农村或底层民众家庭的相当多，因为这种人用勤奋改变了自己的“命”。古人常说：“天助自助者。”“天运”是给自强不息的人。“天道无私，常予善人。”勤快善良的人，上天往往将“好运”“好事”施给他们，而将祸事送给利欲熏心的恶人。富贵、幸福用祈祷得不来。“人算不如天算”，道理于此。人关键在后天，人后天发奋努力决定一个人“命运”的大头。如此看，人的“命”和“运”还真算不上什么大事。“命”由天设，运由己造，虽说人生无常，但“命运”只垂青有准备人的头脑。“生死攸关，

成败得失”不靠“命运”，只靠后天努力。至于“机会”“运气”更看人如何掌握。再好的“运气”，降临到一白痴头上，也不会获得成功。人不能躺在“命运”的吊床里，任其晃悠，听其摆布。命运握在自己手里，不向“命运”低头，才是成功获得者的应有态度。

忙中偷闲——寻觅短暂的心宁安定

会休息的人才会工作，平衡状态是适应一切生命的常态。人生空手而来，一无所有，预示“忙”和“累”将伴随终生。“忙”是一个人工作、学习、劳务，对外交往等多方面体力、心力、脑力的付出。即使体育锻炼、娱乐活动等休闲也要付出忙和累，甚至苦。人长着四肢和脑袋，“忙”是上天为其安装天然工具的使用。人生活资料获取、欲望满足、交往活动都是在忙中完成的。为此，忙是人生的必然，逃避不了。“游手好闲”“不劳而获”“无所事事”只是人类少数，另当别论。忙才是正常的人类。有忙苦累付出的人，是备受社会称赞的人。苦和累通常从忙中产生，忙的另一头总连着“苦”和“累”。

“忙”是人付出体力、精力的外部表现；“苦”和“累”是人内部身心感受。人们难以承受的是“苦”和“累”。“累死啦”“太痛苦”是难忍时发出的自我感叹。不过，同一环境里，同样忙碌的人，对“苦”和“累”承受差别却有不同。体弱的人喊叫是正常，但体力差不多的人，有人感觉真累，

切切实实的累；身躯、心灵深感疲惫，直到承受不了的地步。而另外一些人，虽身累，心却平稳，甚至能将“忙”当作生活中调味品。这后一种人在忙中求轻松、找平衡、感受愉快。同样的忙，两种后果。人在“苦”和“累”中品尝着人生酸甜苦辣滋味，这不是神奇，而是一个人心灵超越、心智运用，思想境界的差异。

人有两个自我，一是肉体的我，另一是精神灵魂的我。身处社会尘世间，为谋生忙碌必不可少。若让忙碌少结出“苦累”之果，至少要从四个环节认清把握“忙”的本质和节奏。一是心态上不要与“忙”对立。忙能产生“苦累”是自然现象，把苦累看得淡然一点。一个人顺着思维想，忙就是苦，忙必然累。这样在干活中可能越干越累，越忙越苦。内心会产生厌忙，怕苦、恨累。有人只要想到上班的“忙累苦”就紧张、害怕上班，但又非去不可。在勉强心态下，产生极不情愿的畏难甚至对立情绪。久而久之，身心将被这“忙”字拖垮。倘若换个心态，人生来就该“忙”，我能用上班的“忙累苦”换取报酬，用忙换财富，公平合理。人在自认为“公平”的环境里忙，会产生自觉自愿情绪，变勉强的被动“忙”为主动“忙”，心地忽然阳光多了，苦和累立消一半。当今农民工进都市打工，应算最忙最苦的一族。当他们想到用“忙累苦”换得报酬，改善家里生活、抚养孩子成长、保障老人生活，心底满足感便产生，这能抵消“忙累苦”的沉重感，增加成就感。这是一种忙中偷闲，身躯在忙，心灵在超脱中偷闲，是一种苦累中的自我精神安慰。身在忙碌中，心态闲下来。

人自觉自愿干活时，心可找到短暂的安定场所。二是欣赏忙碌。人性怪异，越恐惧什么、越来什么。害怕“忙累苦”的人，一提干活便紧张。如果视忙碌为体育锻炼活动，多欣赏忙碌可换回的回报，心境就不一样了。忙是具体的，是人对事物的处理。付出越多，通常获利便大。建筑工看到自己砌砖加瓦盖的楼房一天天高起来；车间新产品从传送带上不断送出；办公单上事情一件件完成……欣赏“忙累苦”换回成就的喜悦，减少现实中的苦和累。三是转移注意力。忙得不可开交时，手和眼集中在忙碌对象上，心情可放在一些轻松事情上。大自然美景；生活中经历过的乐趣；家人欢聚，孩子成长的快乐……转移注意力中的想象，是抽象思维的浮游，让心态放飞，是找寻忙乐之间和谐点。无论体力忙还是脑力忙，都是力的付出，是人和事物对象结合。人接触事物有节奏规律，用心灵可感悟到人与事物触碰和谐点。过去，长江船工纤夫背拉纤绳拖着船前进很忙累又枯燥，但随着脚步和船与水的摩擦声，自发喊出“呦吭、呦吭”的川江号子。既带劲，乐趣又来了，可减轻忙累之苦；西南少数民族干活都离不开山歌，既找乐，又减轻劳累；传统建筑工地上工人用重物夯实地基，苦累和汗水齐来，工人必同声喊出“嗨唷、嗨唷！”的打夯歌……忙是人类本能，忙产生音乐，忙带来世界繁华。

人适应平衡，太忙太闲都不可取。世界有累死人，也有闲死人的。太闲，身体机能退化，百病丛生而亡。人只能在忙闲交错中活着。学会忙中偷闲，寻找短暂心宁安定最舒服。

试吃一片后悔药

“世间难买后悔药”，指人肉体生命年轮无法回转，时光不可倒流。但人的心灵思想放飞，可流淌到从前和以往。人近终点，后悔一下过去，就大体知晓自己是个什么样了。人之将死，其言也善的古话，证明人到老时有善意，必定在生命后悔中感悟过来的。人在生命过程里的每个阶段都能产生后悔理由，越到生命后期，后悔越深刻、真诚，人也更加靠近生命的本真。

反思往昔，无非是自己走过的人生路上思路决策、行为做法、交际处人、是非判断、情感纠结等走过的痕迹，逃不出“对”或“失误”的两项选择及轻重程度的大小。人生一辈子在选择中，选择准确度把握、关系本人对事物规律认识把握，即对事物走向必然性的认知水平。机遇是偶然，机遇选错，很难再回头重选一次。人生有无数次机遇摆放在面前供选择，至于选得准与不准，与人的认知、经验、经历、智慧、心态、环境等相关联。具备以上条件优势较大，选准确的机遇会大；反之，选准机遇小。人活着，就活在一辈子对偶然机遇的选择与及时把握上。它关系到人生成功与失败，辉煌与平庸的人生道路选择。涉世浅的年轻人，感触不深；对走过来的中老年人却事关重大。人生喜怒哀乐，悲恐忧愁等情感波动，都与自己在生命中的选择相关。

过来的中老年人，若试吃一片后悔药，必产生五味杂陈的动人感觉，追悔莫及，感慨万千的情绪激动，会立即产生出来。人生走过的路程中，当初认为很必要计较的一些事，现在觉得多余；交友问道，选择配偶，当初的眼光和识人标尺，已与现在很大不同；或已到手的选择，由于付出力度不足，产生与别人天上地下的人生差别；当日，为些不足挂齿的区区小事，大动干戈，因小失大造成的终生遗憾，大有人在；选错职业跨错行，会让许多人捶胸顿足……当然，也有相当多人在追忆中庆幸自己路子选得对，窃窃而喜。人是带灵感的怪物，不经一事，不长一智。“吃一堑，长一智”，太有道理了。每个人在后悔中将变得聪明，但又不能重返时光的往日，再来一次重新表演。后悔是马后炮，千真万确。人生无奈，很多时候，人是痛苦的。

2016 年 9 月 3 日下午 3 时，北京八达岭野生动物园内，自驾车内一对夫妻，为一句话争执，36 岁妻子刘某迫使丈夫停车于虎园区，她下车前绕右车门，突然被窜出的老虎一口咬住脖子叼走……岳母救女儿心切，不顾一切追上去，被另一只虎活活咬死。车上剩下七岁女儿和丈夫自己。园内工作人员及时救下妻子。造成岳母被咬死、妻重伤的全国震惊老虎吃活人惨痛事件。这件事后悔在夫妻为一句话

争执生气下车，几秒钟内发生的极小事件上，着实终生遗憾，后悔莫及；不少贪污腐败官员，案发后坐牢蹲监狱，才深思后悔；当初受贿，脑子闪念着“没事”，别人不会知晓“等”“好事”。忘乎所以带来今天成为阶下囚。恶果是倾家荡产，甚至家破人亡。追悔莫及还有用吗？医院病床上，有些非正常年龄段的重病患者，悔不当初，生活无度。奢靡造成自己生命提前结束，这类人后悔是必然，不过为时已晚；戒毒所内，不少文艺界名人，后悔当初第一口“试着玩的”，或被他人诱骗上当，今天悔之晚矣……极端例子外的一般人，谁都有过后悔的经历。经常因为纠纷中的一句话，夫妻离婚、家庭破裂；亲情之间、邻里、同事，为一句话，一桩小事，为争一个面子等，闹得不可开交，大动干戈，伤了他人又害了自己的事例太多……人一生都在为自己做选择。子女选校、选专业不当等，带来终生遗憾；人至老年，更看中自己的健康和生命，不少人追悔往日，这不该、那不该、烟酒无度、吃喝不限、生活随意，造成今天“三高”及多项超标……这样的后悔，又有何用呢？

能后悔的人，必然活在清醒中。如果时光可以倒流，定会表示：我一定如何如何……后悔通常是客观的。的确，用现在眼光、心态、境界衡量过去，肯定理智而聪明。今天看过去：往日的逞强好胜、死要面子、不依不饶等，酿成的后果，结成的疙瘩，都是因些小事而造成，太不值得；一些人后悔当初考虑不周，情感、职业、学业、交友等失误，带来终生不爽，已成多余；“早知今日，何必当初”是《红楼梦》里的林黛玉，对明知不可为而为之的爱情另一方贾宝玉说的后悔之言，若用在今日一些身上倒挺合适。吃一片后悔药的人，清醒多了。

人生不可逆。时光是这样，但人后悔一下还是可以的。后悔使人精神灵魂更加清醒而明智，而不可能再去纠缠往事中已错的事实。吃片后悔药，客观上可起到对周边更多人警示，尤其对下一代，对身边亲人。生命开始的年轻人，要多学知识、打磨自己，提升自己内涵，以后可少走弯路。对社会他人，多些善念、宽容，定会减少些恶事发生，少些后悔；对自己少些任性、固执，多些善解人意。柔不是弱，而是明智、强大，少些不必要摩擦，更为了少后悔。极端是事物发展的非常态，平衡才是常态，让后悔那些“不该”的回到“该”的路上。回归人性的本真无邪，平平淡淡的人生更持久。

“人在做，天在看”——人性的两面透视

“人在做，天在看”是人的努力付出后，得不到外界和他人认可的内心自叹；另一个含义是坏人做恶事时，尚不醒悟，外界他人对其行为的评论。人相互评判或认可的不公正永远都有。能默默而辛勤去做，虽未得到社会公正评价却仍能继续，因其内心坚守着一个信念：天在看！这种人是向自己内在找安慰，是遇挫折后的另一种选择。虽属无奈，尚能在精神上自律、自持，值得称道。人受委屈，一般持有两种自卫措施；一是公开向对方申诉讨回公正，这是向外求公平；二是向自己内在求平稳。任凭风浪起，稳坐钓鱼船。不管别人怎么看，自己该怎么做，还怎么做。这种人往往用“人在做、天在看”的自我安慰、自嘲或感叹、鼓励自己继续做下去。

社会道德弘扬主要靠人的自律。社会人群组成是一个多元化、多层次、多面孔的心灵境界交织。人出生环境背景各不相同，受教育和经历迥异，自我修炼不一，决定着人道德层次差别。社会人有讲理的，就有不讲理的；有自

觉，就有不自觉的。人性的自私、贪欲、虚荣心、慈爱心……各不相同。人不交往显露不出来，一旦交往触碰，其人的容忍度和尊重他人程度，立即显示出来，心胸宽厚还是狭窄也会展露无遗。对己宽，对别人严是人性通病。人习惯念念不忘自己的辛劳和付出，容易忘记别人的付出；对自己取得成绩或付出努力喜欢拔高、夸大；对他人同样付出的成绩看轻、小视。人们相处共事难，往往难在此处。“看自己一朵花，看别人豆腐渣”，是人常犯的毛病。处事容易处人难，人际关系中求公平、公正、正义是件不容易做到的事情。人群环境复杂，源于人性的复杂。

人做事，应为实施本人目标所为。目标有“利己”或“利他”两种，无论前后，都是本人所愿。即便干着“利他”之事未得到公正评价，也应无悔，因为是自己愿意的。人心态的认可很重要。内心在意别人的议论和认可，活在别人的眼光里，由外界左右自己心灵，就无快乐可言。太在意他人评价，忘记自我主导性，就是将自己快乐渠道建立在客观环境上，寄期望于外界，即“人在做，让他人看”，而不是“天在看”，这里“天”指自己“内心”“良知”。后者将快乐建立在主体上，即自己对得起自己。这是一种看透世俗，穿透繁杂的精神超脱；一种寻求自我的内心安宁。纷繁复杂的外在世界，永远是“人多嘴杂”“众口难调”“看法各异”的大综合。快乐外求，只能让自己内心难以得到平衡。因为同一件事、张三说“白”，李四说“黑”，是常有的事。社会人的认知能力、

价值取向不同。外加人性弱点干扰，对同一件事评价差异难以避免。

人群是人性的潜伏。表面看不出人有多大不同，每当能碰到利益、情感、面子等纠葛，本质的人性定会表现出来。看透人性这一弱点，人的付出努力动机就清楚了：为正义干事，为自己干事，为坑害人干事……一目了然。一个人事情干得好坏，只能对标准负责，对自己负责，如此，就不在乎外界的如何评价。正是自信心的表现。

"人在做，天在看"的另一面含义是坏人作恶不止，无悔改之意，社会他人在无法制止的诅咒。这是外界对理性的坚守，相信恶人结局是必遭天谴。这里的"天"指的天理，即人们对宇宙人文规律的信守和信赖。恶人行为都是非理性，是人生物属性极端的暴露。不受理性支配下的人，可释放出各种危害社会的行为。其结果有两种；一是当即遭到法律制裁惩处；另一是暂时虽逍遥法外，但"上天"时刻在注视着你，迟早一天必被捉，或者遭良知谴责，包括其他的报应。但坚信一条真理：规律不可挑战，理性不可战胜。

现今，能做到精神内守不容易。人看透外在，心地就坦然；看准万事万物发生的必然，心胸便开阔。人性不完美，"谁个人前无人说，谁个背后不说人"。人在做是自己的精神坚守，该干什么就干什么，该怎么干就怎么干，"天在看"应属多余。"人在做，不趴下"就是最好的。自己干什么不是给别人看，是自己的内心坚守。对得起社会公理，对得起自己良知，是最务实的“天在看”；反之，恶人行凶做坏事，正是昧着自己良知干。但社会公理在注视他，监督他。人性，永远受正义的理性管控。

闪光的岁月流年

人生是搭乘一辆生命列车奔向一个永无止境的前方。个体人只是出生时的中间上车，生命临终时的中途站下车。有缘就是当你同一车厢相熟悉，同一座位结伴的那些人。亲情、朋友、同学、同事、老乡等全在这一结缘的人群之中，也不乏与你相左或扰你不快的人。不停行驶的生命列车上，无时不有新的生命上车，另一些人离世下车。这些，带给你的是悲欢离合，决定着你快乐、痛苦和伤感。同一车厢人的相聚、相处、竞争、交往共事，又带给你的欢乐、烦恼、爱恨、恼怒和担忧之情感。人，就在这一怪异、混乱、矛盾的人性魔方中变幻着……

作为地球物种之一的人类，生命列车上所有乘客，都遵照宇宙自然运行规律，支撑着人类物种的存在和延续。从地球大物种上讲，人类存在或消亡，对宇宙大环境和地球本身无关紧要。“天地玄黄、宇宙洪荒”，人类这一物种诞生前，地球很长一段时间是无人种的，它也照样存在和运转。用宏观视角，人的生命没什么意义，如同现今地

球上的动植物等诸类物种，诞生灭绝都一样。“人类比动物伟大，因为人有思想智慧，虽然人是大自然物种之一，但他是唯一有思维活动的高等动物。即便人类毁灭了，也仍然要比置于他死地的事物高贵得多。”这些是法国作家帕斯卡亚在《思想录》中的话。因为人类有这更伟大的文明历史文字记载和显像画的不朽传承。人生意义在于生命列车上人群相处、相伴、相交过程中碰出生命火花的光彩。作为单个人，凭自身知识、智慧、用思想升华、心灵感悟释放出各种形式的生命精彩与光辉，这才是人最有生命意义的地方。

人性各异，同乘生命列车前往的人群，既独立行事，又互相依存；既要聚众交往欢愉，又要独立表演、安享沉思。生命过程在各自人性演绎中变幻着。刚出生的初始人，天真无邪、无拘无束、享受着生命快乐的本初，从不思考生命前方的艰辛和终结，也无生命预测路上的烦恼与恐惧，只享受生命的快乐和难得：活着真好！生命成长到懂事的青壮年，人进入平生最艰苦繁忙，拼搏竞争年代。六十岁前的三四十年里，现实环境将人折腾到劳累的顶峰。世态炎凉，生命在欢乐和痛苦中交替、疲于奔命中忙碌……缘只为人自己生存和同车厢内，同座位的亲情谋生而付出。人在这一时期，从社会不公平中感到愤懑，从竞争残酷性中感到机遇难得，有时，成功中欣赏着喜悦……人生这段里的成家立业，在社会大潮中的选择，让人忙个不停。人生中间段的三四十年，决定着人的一生命运，也将人分裂

为不同类型的人生：成功的、失败的、平淡的。人生中年段为晚年享受成功果实，或是承受失败痛苦的关键。所以，生命闪光或是惨淡关键是这一段。人生付出大小与收获多少，大体等同，生命闪光在于付出。

人生命是连贯的。少儿时，家庭管理得当，性格优良，勤奋好学，知识装得多，技能学得好，也会为自己中年事业拼搏打下良好基础。人中年真刀真枪打拼、受自身品质、学识、智慧、勤奋、毅力多方面制约。基础打好，事业成功率高，反之，失败率高。“少壮不努力，老大徒伤悲”的古训，不无道理。当然，少年打好基础，中年事业成功，决定着人晚年享受中年硕果的喜悦。这是人生命承受的连贯性。

对个体人，每人一生都有闪光时刻发生。轻松、惬意、平稳久长，才是最重要的。岁月似流水，生命流速太快！电视剧《乔家大院》主题曲歌词：“繁华瞬间，如梦幻一场，来不及细思量。”这里指宏观人生。另一句又指微观人生：“尘缘苦短，叹人间路长……”对单个人生路来说，又在时光的分分秒秒、日日夜夜、年年月月种漫长度过。感觉很长很长……从古往今来的大宇宙宏观看，人的生命似天上流星，稍纵即逝。每个人七八十年的生命算个啥？神话故事中说的“天上才一日，地上已千年”，生命短暂似流年。微观人生中日子的分秒必过，又是那么漫长，两手空空的人，为谋生需要，烦恼、辛苦、劳累和愉快将伴随而来。痛苦是人活着的主流，“不顺心事十之八九”。人的奇特感受，过好日子“快”，过苦日子“慢”，甚至将“慢”变成“熬”。“度日如度年”，是人痛苦时的深切感受。

人生命活法差别大。让生命闪光，关键做好生命的“流水操作”。做好了，晚年幸福；做差了，晚年凄惨。如此，在宇宙瞬间，在人生命长河中，让生命闪光，永不后悔，才是正常不亏待自己的人生！

人生三种穷和富

人生三种穷和富：物质、肉体健康和精神。前两种有形，后一种无形。三样全富的人，十全十美、生命完满，但很难找见，最多是接近这样，为数也不多。人生局限不完美属常态，人生残缺是必然。

人生三项富有全占，远离贫穷，是所有人愿望，但实现又何其难也！现实中的人生，只能获得某一方面富有或较富有，甩掉贫穷真不容易。多数人位于中间状态或下层。富或穷相对而言，且是可变的。富和穷在人群之间比较中得到体现，或是人自已纵向对比中认可。人出生到世间基本两手空空一样穷，生理上遗传基因和出生家庭财富，决定子女物质环境和肉体的穷和富。这些都无法选择，叫认命。人关键是后天努力，勤奋和智慧不断改变人的穷和富。这是三种穷和富的要领。

古人用“福、禄、寿”表述人的三样富有。“福”是人的福气，处处称心如意，事事心想事成，实为精神富有带来的顺畅通达；“禄”是俸禄，即物质财富多少，是富贵的象征；“寿”指人的健康富有。古人用“福禄寿”三星高照，象征人们向往完整人生的愿景。今天看，是人生物质、肉体健康和精神三种富有的美好希望。人，除去先天环境无法改变的之外，要认清后天可操控的两个方面：一是搞清“穷”和“富”的分项标准；二是用什么手段取得。人有好愿望正常，但人生标杆需要正确。物质财富、精神内在、肉体健康三标准中，以精神丰富引领三项平衡获得才合理。物质财富是备料，为肉体生命和精神需求而必备的外在物，肉体健康和精神滋养是人生命本身。人养护肉体健康的外在物质有限、养护过度、营养超标会让肉体健康走向反面，合适有度才是最好。人肉体健康同生命自身七情六欲，尤其心情心态波动起伏关系密切。外在物的备料够了就行。医学上说，每天正常人的进食热量 2200 左右大卡足够，也说明了这点，进多了有害。肉体健康同人内在心态、情欲、肉体的动静结合关系很大。外在物备料对人精神养护，也未必成正比。现代孩子玩一进口豪华小汽车玩具，未必比小时在农村玩泥巴团刺激的快乐更大；家长用钱财领孩子旅遍天下，也未必先让孩子学习扎实基本知识、修好品行，长大后自己创造条件旅游遍天下更好……如此看，物质财富够用即可。国家要富，是扶持更多贫困人口而备，国家整体富强而需，越多越好；个人物多无必要，精神内在丰富、境界越高才是通往人的富有之路。对个人说，身外之物有底线，精神富有没有底线。

物质财富冒尖，精神贫乏，不算“富”。没有精神内

涵的富有，如同行尸走肉般活着，是真正的“贫穷”。正像一些人说的：“穷得只剩下钱了。”经济学意义上的富有，仅指物质财富外在有形物。精神内在富有的人，是有智慧的人，这种人未必挣不到更多的钱，而是精力不放在那个地方，赚了很多钱也不一定都自己花，更多花在社会更需要的他人身上。这种人将多余物用在善业上，用物质富有兑换成精神富有。他们是真正的最富者。

用财富换取生命，是多数人想法。但如何换取，又是人精神境界高低的体现和运用。站在自我立场，用有形物购买最先进的药物保健和治疗，未必效果那么好。因为人心态不放松到感恩和善意上，心不安宁，先进药物及治疗效果将大打折扣。看轻点有形物，看重点社会他人，内心精神获得安定，这一感恩和安宁之心，促进精神愉快、肉体健康。

用精神丰富，引领三者平衡发展，是人生最大的“富”。这个人类共享的世界，眼中有自己，还要装他人。在正当信仰支配下，努力为社会大家增长财富，对自己肉体有良好传导作用，心理平衡占人健康一半以上。处理好三者平衡，你就是物质、肉体健康和精神最富的人。

苦闷是对自己的不满意

人都有过苦闷，只是大小轻重不同。苦闷是自己跟自己过不去，对自己不满意的产物。苦闷通常放在内心，独自惩罚自己。苦闷产生于一切不顺，凡违背自己心愿的事发生，皆可造成人内心苦闷。开朗的人发生苦闷概率小。因为习惯对外倾诉，苦闷倒出来，可转移一些对外，让别人理解、分担点。内向的人发生苦闷多。碍于面子、个性，遇事自己一个人忍着。苦闷对人身心健康有杀伤力，是心理不健康表现。苦闷是一个人的内心痛苦烦闷。是人遇上不顺心事，碰钉子，目标失败等造成的心情恶劣状态。是用自己的失败或不如意，造就自己的苦闷心态。

苦闷对身心有害，有些人为何还找着苦闷往自己心里放？人产生苦闷是必然，放内心折磨自己因人而不同。人活着就是痛苦，因为不顺心、不如意事十之八九。人活着所需物质和精神的消费资料，不是社会现成摆放那儿随拿随取，而需用货币去交换。挣货币就要竞争、拼搏、找机遇。从别人处挣钱入自己口袋，需有体力和精力付出，付出就

是劳累，付出就是辛苦，再加之人际关系复杂，当付出后得不到公正回报，就产生苦闷。如此，苦闷便袭来。此外，人们常常设想好事临头，这是碰找机遇。机遇总是青睐少数人，碰不上的总占多数。为运气不顺也可产生苦闷。苦闷产生根由随处存在，顷刻发生，碰上谁，谁倒霉。所以，对人来说，不是苦闷有无，而是非有不可，是人生存生活中的必然存在。苦闷来了，用何办法接招，何种心情对待是关键。什么苦闷都往心里装，还不把自己逼垮、逼疯？人生易过顺风日子，逆风日子不好过。逆风即苦闷袭来，承受力在于各人。

苦闷憋心里不是好事，谁都明白。但对苦闷认知度的轻重大小，承受时间长短，又是各不相同，且与每个人阅历、知识、智慧、修养、胸怀等关系极大。处人处事中，霉运到来，祸事临头，是考验一个人应变能力的关键。聪明人，虽对自己遇上倒霉不满意，但能承认现实，坦然面对，从不幸事后果中取其轻，化大为小，可回避，也可采用继续操作办法挽救，让损失最小化。这时，不仅苦闷未放内心，反而有种倒霉中收获小胜之感。人心态一转，本该进入心内苦闷可消其大半。反之，视倒霉为天下大乱、灾难临头，不知所措。这种人遇上小倒霉也会乱方寸，甚至放大倒霉、责怪自己，不满意自己、反悔自己……将苦闷深扎入自己心灵。前一种人，承受苦闷力度大，减轻了苦闷对自己伤害程度，身心受侵害小；后一种人，同样倒霉程度，但对己伤害力度大。

人生不完美，谁都会遇上好事，也会遇上坏事。遇好事不狂喜，遇坏事必坦然，就是对必来苦闷的排解。人生活状态要轻松，就得设法排苦闷。有人一辈子活在风雨飘摇之中，尚能坦然自若，本该无数个“苦闷”找他，可被一一挡在心门之外。这就看人的修养和思想境界高低。人生经历并摔打多，应对困难能力强，抗苦闷能力大。为此，人生应把坏事难事估计多一些，顺事想得少些，电影《喜马拉雅》中的话：当你眼前有两条路时，要选择困难的那一条。人生下来离不开为生活而打拼，摔打、折磨是正常，一帆风顺的好事总不多，人生就得经得起磨炼。人无完人，不要过分自责，要适当地原谅自己犯错，容许自己倒霉。对生活中困难，思想准备越充分，抗苦闷信心便越足。苦闷来自对自己的不满意，对自己宽厚一些，苦闷产生就少了。人先天秉性不一，经历不同，但后天多学习，认识事物，知晓社会，看透世事不完美的本质，将好事坏事袭来都看作正常，持有一颗平常心，就不会把苦闷当作惩罚自己的工具。

人能将苦闷抛之度外，身心就轻松解脱。

观念造就天堂地狱

观念是人的意识、思维，观念主导人行为方向。人是灵肉结合体。人有自己成功自己、自己吓唬自己、自己折腾自己、自己毁灭自己的多种“可能”。牵动这一“可能”的动力，来自人内在的思想观念。观念是人世界观、人生观、价值观三观支配的理性意识，也即人脑对客观世界的反应。同一个世界、同一件事情，不同人有不同看法，且这一看法受人深层次观念意识决定。人观念固执而隐蔽，作用力强大而恒定。

人一生活动行为都在自身意识观念支配下进行。人观念是人的世界观、人生观、价值观的意识反应。人的理性程度高低，决定于人对“三观”的综合看法和态度。世界观拉开人对宇宙世界认知观念的看法认可；人生观是对自己人生目的认识和理解；价值观是在前两观影响下，确立自己人生价值定位和取向。三观影响人生一辈子，决定人活着的自我人生意义及与世界的价值关联。三观体现人生境界高低和认识世界的深浅水平，同时作用着自己前行的行为活动。人生的理性增强，境界修炼提高，实则为人的世界观、人生观、价值观的认知能力提升。人对宇宙世界看法，影响自身生命活着的目的。把世界看成啥样，会产生对待世界的啥样态度，同时影响自己为什么而活着，怎样活着。每个人对“三观”的确立不同，产生各类人群行为的表现差异。同样环境下，有人为社会和他人乐意付出奉献所能，无怨无悔……心怀一颗感恩之心，老想着自己欠这个世界的；而有种人总认为这个世界永远欠我的。无论社会对其怎样帮助、支持，都毫不领情，更无感恩之心。同环境下两种人的相反现象，证明了人大脑中那个想法，意识观念的天地差别。

人的高尚，实为“三观”确立的思想境界高尚；人的犯错、栽跟头，实为“三观”确立不正确而导致。把世界看成阳光、正面，心灵就美好；把世界看成负面，心地必然阴暗。观念是人心灵的升华，心灵美，看社会他人就良性，正面多，这一带感恩善意的看法，就是积极的人生观念。由此观念激发自己处处与人为善、平易助人，为社会和他人奉献，心甘情愿。这种人心地阳光、和谐地融入了这一世界，积极正面的观念主导着自己，心情乐观而自在。这种人即便遇上不顺事，也会示作前进路上小坎坷，继续乐观向前。这种积极观念和健康心态主导下的人，很少产生痛苦、郁闷，心想事成的机会必然增多，顺应时代潮流，正能量激发自己，心情更愉快，造就了自己的人生天堂。相反，心地阴暗、观念逆反的人，看世界负面多，对这个不顺眼，对那个看

不惯。这种人猜忌心重，认为世界一切对他都不是友好的。这一逆反观念支配自己，必然产生与社会不相和谐。个人永远执拗不过环境，这种固执的非理性观念，遇事成功概率小，越失败便越肆无忌惮，往往不顺之事接踵而来……连续不顺，会将持这种观念不健康的人击垮，把自己造就成地狱。

两种观念产生人的两种天地差异，且在同样环境下。民间常说“一念之差”，结果大相径庭。观念改变是人生感悟中质的飞越；正能量的观念增强是人终生要务。观念是精神层面核心，是人生意义和人生价值实现的主导。正确人生观念确立，来自平时孜孜不倦地勤学，在实践里摔打磨炼，在社会人际交往中深刻感悟，增强自己是非观念。是非标准关键是识别人生活着只为自己，还是既装自己也装着他人和社会；对宇宙自然社会是否心存感恩之心；将自己和世界联系起来，看清自身位置，参与这一美好世界砌砖加瓦的人生意义……如此，看世界必然正面、阳光。确立了这一正确观念，终身受益。自己满意、社会欢迎。更重要让自己活在天堂里，远离地狱。

谁是生命的最后赢家

问题浅显，答案众多。多元化人性决定该问题的多重回答。谁都可以说出一堆理由和答案，但不外乎两大类型。一是有形的物质财富、权位、名望等人生价格堆积为主要；另一是无形的人生精神价值内涵为主要。常人重价格，智者重价值；一般人看重外在表相显赫，聪明人注重精神内在富有。

人最重要的是滋养生命。滋养生命条件就是不断满足人生命必需的物质、安全、生存环境保障，人的精神爱好追求、文化艺术欣赏及情感需求满足。物质满足保障人的肉体生命成长、不死亡；精神满足让人活得自在而充实。前者是生物层面需求的满足，后者是真正人的需要。其实，两者都离不开，只是争执在以谁为主上。最终赢家应属于以后者为主、前者为必需的一类人。

人只活在有形的物质层面，处处在数据比较中显露自身价格大小；从对外攀比中，分出自己与他人的身份等级、财富多寡……靠有形物和数字，决定自己得意扬扬或愤愤

不平。炫耀虚荣或痛苦情绪便油然而生。人活在与他人的比较中，用外界的大小、高低、多少决定自己快乐与烦恼，这不是生命所需要的。人的欲望无止境，心思全放在追逐有形物上，心随物役，必将痛苦不堪、身心憔悴。逐欲要付出，获利靠竞争。正常获取无可厚非。这种人用自身努力拼搏追求、手法正当、心态端正，获得多少，并非过分在意。最多失败了再爬起来，心正，痛苦就少，因为是自己的事。追逐快发财，尽快出人头地的人，易走邪道。他们往往做出身不由己的事，看风使舵，委曲求全，献媚吹捧、投人所好……太看重“所得”，容易不择手段。越看重外在痛苦越大。只靠外在决定自己命运，外在无常。这种人，活在有形物为主的外在环境里，即使目的达到高官厚禄、家财万贯到手，也不算生命的赢家。

看中人生内在价值的人，能主宰自己，适应外在，不做有形物的奴隶。这种人所做的一切，看似“身”在做、实为“心”在做。用心做事，实现了价值追求，就是关注个人的生命价值。这种人获得成就大，便是生命的赢家。心态走向，随着人的“信仰”跑，也是一种生命价值追求。人确定有正面价值的“信仰”后，会付诸行动，让生命活得有意义。正面“信仰”即对人类、社会、他人及自然界有价值理念。意志及宗教的信服，并奉为言行的准则。这是真正的生命自由。历史上为正义献身，现实中为社会公益或他人舍己相助者，无论生命极限多少，都是生命的赢家。

宇宙自然美好，是上苍对人类的眷顾；社会丰富、精彩、文明，是数千年人类文明文化的积淀。今天社会丰厚的物质条件、先进的科技服务人类，是生在今天人之福气。它们正是那些生命赢家创造的。有了感恩心，会自觉由衷地激发自己为这一星球和社会继续砌砖加瓦，让后人活得更幸福。有感恩心的人，对物质钱财看得轻、看得淡，他们心中装的是社会和他人。他们的付出是真正的人生自我价值实现。这种人与自己拥有财富、权位、名望的多少高低大小不矛盾。因为他们用关爱之心支配使用这些，这种人是生命的赢家。历史会记住，推动时代进步的政治家；创造发明科技成果的科学家；滋养人类精神文明的各类学者、作家、艺术家……能让人们永远铭记的人，就是生命的赢家。广大人群中，无论文化知识高低，或大字不识的底层人，他们凭着社会良知关爱着他人。这些默默无闻的人群，心地宽广，爱心常存，善德俱存。通常粗茶淡饭一辈子，但极容易获得八十、九十，甚至百岁以上的肉体寿命。他们无愧一生，是生命的最终赢家。

总之，重价值内涵、追信仰自由、为社会奉献的人，不管肉体生命长短，都是生命的最后赢家。肉体早逝，精神长存！心宽、感恩、善德存心的广大人群，获得了接近自然生命的长寿者，都是生命的最后赢家。

天体运行稳健，生命悠悠久长

“天地玄黄，宇宙洪荒。”浩瀚的天体能量无限，但它却永久不急不慢、不慌不忙、稳健而有时序地运转在属于各自的轨道上。人们可见的太阳系，九大行星中的地球围绕太阳一周即一年，自转一圈即一日；月亮是地球卫星，一月绕地球一周；地球一昼夜自转一周……稳而有序、天长地久。人是宇宙的人，应该适应天地运行规律。人要顺其自然，生命才能悠悠久长。有“小百科全书”之称的传统启蒙书籍《三字经》中：“三才者，天地人；三光者，日月星。”把天地人并列成“三才”，指“天地”和“人”一样有才，实则都遵循宇宙运行规律，即为“才”。

人是肉体和灵魂的结合。营养肉体、抚慰灵魂是真正的滋养生命。人饿了吃饭，困了睡觉，孤独时找聚会、空虚时寻娱乐；闲散时求紧张，劳累时找休闲；愚昧中求学习，兴奋中找创新……人都在不断需求与满足的更迭中活着，目的达到不断平衡。同时，人活着的状态在健康与病态、快乐与痛苦、喜悦与忧愁、轻松与紧张、爱心与冷漠……

等交替之中。不过，这种状态均属两个极端，人真正适应状态是平衡和谐。心境坦然、温和悠然、平静为安、中性状态最好、生命状态决定人的生命价值。生命状态受人性支配。人性的贪欲、安于享乐往往左右生命状态偏离正常。现今科技进步，物质丰富，给人们生活以极大方便。为满足人肉体感官需求，丰富的生活物品、服务产品应有尽有。舒适方便刺激人的感官，改变人们正常生活习惯。无论远近，出门小车，两腿不用走；联络有手机，天涯海角，随时直通；方便的家电、家政服务、钟点工，替代家务活；看电视、玩电脑，大量时间坐沙发；网上购物，周日不用逛商场；三餐免做饭，外卖送上门；用软件不上银行，手机可支付……当今的人，基本达到“饭来张口、衣来伸手，腿不用走、什么都有”的脑思维简单、肢体少动的便捷享乐时代。人类正常的“需求→寻找制作→满足”环节简化为“需求→自动满足”。中间“寻找制作”需付出体力或脑力的程序没有了。便利、快捷、自动享乐，替代了人的有益劳作，四肢成多余，大脑思维无必要。过度享乐改变了人的生命活法，这不是人类生命的初衷。

人由动物进化而来，动物基因主导的人类离不开“动”。人是物质和精神结合的生命体，生命规律与天体运行一致、稳健而悠然。人的“生活”只是生命体需求中的一部分，“方便、快捷、享乐”正改变着人类勤劳活动的本性，有伤生命体。人类只关顾生活，忽视生命全局，往往会出事。尤其这种关心是让人肉体“少动、少动、再少动”。极不利

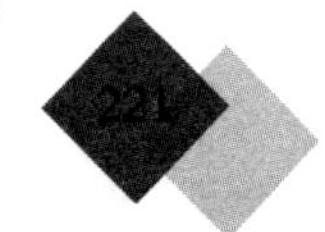

人的肉体健康。被灵魂主宰的人，对精神需求非常强烈。非正常的“七情六欲”“悲欢离合”侵扰，随时危害人的生命。仅靠那点物质生活上的“方便、快捷、享乐”满足，绝不是生命需求的全部。

多少人在喊：“累死了！”抱怨这抱怨那。人际关系冷漠、相互戒备、人群之间多年宝贵而温暖的“人情味”少见。为快速追逐生活的“方便、快捷、享乐”，人们整天跟着商家“转”，跟着屏幕上的“艺人转”。人们的精神安逸场所很难寻觅，图书馆、书店、文学艺术欣赏领地，静静的大自然，人们细细品味的风气少见了，到处是风风火火、忙忙碌碌的人流，他们在拼命追逐生活的“享乐、刺激”，且永无满足。人的精神灵魂正能量退化，人性弱点膨胀，宽容心减少，信仰缺失。对人精神灵魂伤害，是对生命的最大打击。

人欲望和理性的争斗是自我变革的关键。欲望过了头，理性就失去。人无理性就不是正常的生命体，而是动物属性回归。人的过分“享乐”惰性一旦形成，用理性克服成本更大，且不易成功。戒毒所挽回一个人回到正常，比吸毒上瘾难多了。生活习惯改变容易，生命本质改变很难。人要回到生命的初衷思考自己，人来源宇宙自然，遵循自然运行规律是本然。人生命体在不急不慢、不慌不忙、忙闲交替中平衡运行。创造生活、品味生活、欣赏生活才是真谛。

作为单体人，世界万物中本来没有“我”，世界本“无我”。父母亿万个机缘中，偶然诞生了我，形成了“有我”“我在”。世间万物都在变化之中，从“有我”变化到“无我”是生命规律，变化之中“我在”成了“我不在”，这就是个体生命终结，即死亡。单体人来时偶然，去时必然。个体生命从“无”到“有”，又回归到“无”，是人生老病死的本质。人悟透了这一点，就无过不去的坎。这一从“无”到“有”，再回到“无”的同时，世间另一些生命又诞生，这便是广义人类生命的延续……人类一代又一代生命延续，生生不息，犹如天体运行，悠悠久长。